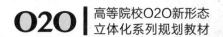

O2O 高等院校O2O新形态
立体化系列规划教材

Office 2013

办公软件高级应用

立体化教程｜微课版

徐栋 ◎ 主编

葛绪涛 郝彩红 冯燕妮 ◎ 副主编

U0279992

人民邮电出版社

北 京

图书在版编目（CIP）数据

Office 2013办公软件高级应用立体化教程：微课版/
徐栋主编. -- 2版. -- 北京：人民邮电出版社，
2019.2（2021.6重印）
高等院校O2O新形态立体化系列规划教材
ISBN 978-7-115-49975-2

Ⅰ．①O… Ⅱ．①徐… Ⅲ．①办公自动化－应用软件
－高等学校－教材 Ⅳ．①TP317.1

中国版本图书馆CIP数据核字(2018)第253162号

内 容 提 要

Office 2013 作为常用的应用软件，其三大组件——Word 2013、Excel 2013 和 PowerPoint 2013 被广泛地应用在商务办公领域。本书以 Office 2013 为基础，全面讲解三大组件的基础知识与使用方法，主要包括 Word 2013 的基本操作、Word 文档的图文混排、Word 文档排版与审校、Word 文档批量制作、Excel2013 的基本操作、Excel 表格编辑与美化、计算与管理数据、分析数据、PowerPoint 2013 的基本操作、美化幻灯片、PowerPoint 幻灯片交互与放映输出等知识。另外，本书在最后一章还设置了有关年终报告的综合案例，以进一步提高学生对知识的应用能力。

本书首先由浅入深、循序渐进，采用情景导入案例式讲解软件知识，然后通过"项目实训"和"课后练习"加强对学习内容的训练，最后通过"技巧提升"来提升学生的综合学习能力。全书通过大量的案例和练习，注重对学生实际应用能力的培养，并将职业场景引入课堂教学，让学生提前进入工作的角色中。

本书可作为高等院校计算机办公类相关课程的教材，也可作为各类社会培训学校相关专业的教材，同时还可供办公软件初学者自学使用。

◆ 主　编　徐　栋

副 主 编　葛绪涛　郝彩红　冯燕妮

责任编辑　马小霞

责任印制　马振武

◆ 人民邮电出版社出版发行　　北京市丰台区成寿寺路 11 号

邮编 100164　电子邮件 315@ptpress.com.cn

网址 http://www.ptpress.com.cn

三河市中晟雅豪印务有限公司印刷

◆ 开本：787×1092　1/16

印张：15.5　　　　　　　　　　2019 年 2 月第 2 版

字数：386 千字　　　　　　　　2021 年 6 月河北第 7 次印刷

定价：48.00 元

读者服务热线：(010)81055256　印装质量热线：(010)81055316

反盗版热线：(010)81055315

广告经营许可证：京东市监广登字 20170147 号

前 言
PREFACE

根据现代教学的需要，我们组织了一批具有丰富教学经验和实践经验的优秀作者团队编写了本套"高等院校O2O新形态立体化系列规划教材"。

教材进入学校已有3年多的时间，在这段时间里，我们很庆幸这套图书能够帮助老师授课，得到广大老师的认可；同时，我们更加庆幸很多老师给我们提出了宝贵的建议。为了让本套图书更好地服务于广大老师和同学，我们根据一线老师的建议，开始着手教材的改版工作。改版后的丛书拥有"课堂案例更新""行业知识更全""实训练习更多"等优点。在教学方法、教学内容和教学资源3个方面体现出自己的特色，更能满足现代教学的需求。

📱 教学方法

本书设计"情景导入→课堂案例→项目实训→课后练习→技巧提升"5段教学法，将职业场景、软件知识、行业知识进行有机整合，各个环节环环相扣，浑然一体。

- **情景导入**：本书从日常办公中的场景展开，以主人公的实习情景为例引入本章教学主题，并贯穿于课堂案例的讲解中，让学生了解相关知识点在实际工作中的应用情况。教材中设置的主人公如下。

  米拉：职场新进人员，昵称小米。

  洪钧威：人称老洪，米拉的顶头上司，职场的引入者。

- **课堂案例**：以来源于职场和实际工作中的案例为主线，以米拉的职场路引入每一个课堂案例。因为这些案例均来自职场，所以应用性非常强。在每个课堂案例中，本书不仅讲解了案例涉及的软件知识，还介绍了与案例相关的行业知识，并通过"行业提示"的形式展现出来。在案例的制作过程中，穿插有"知识提示""多学一招"小栏目，以提升学生的软件操作技能，拓展知识面。

- **项目实训**：结合课堂案例讲解的知识点和实际工作的需要进行综合训练。训练注重学生的自我总结和学习，因此在项目实训中，只提供适当的操作思路及步骤提示供参考，要求学生独立完成操作，充分训练学生的动手能力。同时增加与本实训相关的"专业背景"，让学生提升自己的综合能力。

- **课后练习**：结合章节内容给出难度适中的上机操作题，让学生强化和巩固所学知识。

- **技巧提升**：以章节案例涉及的知识为主线，深入讲解软件的相关知识，让学生可以更便捷地操作软件，或者可以学到软件的更多高级功能。

🖱 教学内容

本书的教学目标是循序渐进地帮助学生掌握Office 2013三大组件的相关应用，具体包括掌握Word 2013的基础与使用、Excel 2013的基础与使用、PowerPoint 2013的基础与使用等。全书共12章，可分为以下4个方面的内容。

- **第1章~第4章**：主要讲解Word 2013的基本操作、Word文档的图文混排、Word文档排版与审校、Word文档批量制作。
- **第5章~第8章**：主要讲解Excel 2013的基本操作、Excel表格编辑与美化、计算与管理数据、分析数据。
- **第9章~第11章**：主要讲解PowerPoint 2013的基本操作、美化幻灯片、PowerPoint幻灯片交互与放映输出。
- **第12章**：使用综合案例制作年终报告，复习并综合应用前面所学的知识。

平台支撑

人民邮电出版社充分发挥在线教育方面的技术优势、内容优势、人才优势，潜心研究，为读者提供一种"纸质图书＋在线课程"相配套，全方位学习Office办公软件的知识与技能。读者可根据个人需求，利用图书和"微课云课堂"平台上的在线课程进行碎片化、移动化的学习，以便快速全面地掌握Office办公软件。

"微课云课堂"目前包含近50 000个微课视频，在资源展现上分为"微课云""云课堂"这两种形式。"微课云"是该平台中所有微课的集中展示区，用户可随需选择；"云课堂"是在现有"微课云"的基础上，为用户组建的推荐课程群，用户可以在"云课堂"中按推荐的课程进行系统化学习，或者将"微课云"中的内容进行自由组合，定制符合自己需求的课程。

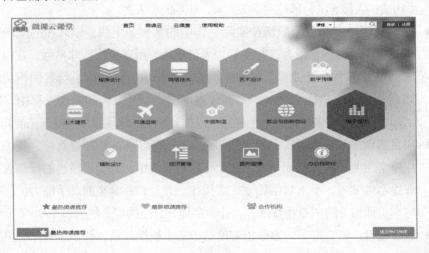

- **"微课云课堂"的主要特点**

微课资源海量，持续不断更新："微课云课堂"充分利用了出版社在信息技术领域的优势，以人民邮电出版社60多年的发展积累为基础，将资源经过分类、整理、加工以及微课化之后提供给用户。

资源精心分类，方便自主学习： "微课云课堂"相当于一个庞大的微课视频资源库，按照门类进行一级和二级分类，以及难度等级分类，不同专业、不同层次的用户均可以在平台中搜索自己需要或者感兴趣的内容资源。

多终端自适应，碎片化移动化： 绝大部分微课时长不超过十分钟，可以满足读者碎片化学习的需要；平台支持多终端自适应显示，除了在 PC 端使用外，用户还可以在移动端随心所欲地进行学习。

● **"微课云课堂"的使用方法**

扫描封面上的二维码或者直接登录"微课云课堂"（www.ryweike.com）→用手机号码注册→在用户中心输入本书激活码（a1eb2c13），将本书包含的微课资源添加到个人账户，获取永久在线观看本课程微课视频的权限。

此外，购买本书的读者还将获得一年期价值 168 元的 VIP 会员资格，可免费学习50 000 个微课视频。

教学资源

本书的教学资源包括以下几个方面的内容。

● **素材文件与效果文件：** 包含图书中实例涉及的素材与效果文件。

● **模拟试题库：** 包含丰富的关于Office办公软件的相关试题，读者可自行组合出不同的试卷进行测试。另外，本书还提供了两套完整模拟试题，以便读者测试和练习。

● **PPT课件和教学教案：** 包括PPT课件和Word文档格式的教学教案，以便老师顺利开展教学工作。

● **拓展资源：** 包含Word教学素材和模板、Excel教学素材和模板、PowerPoint教学素材和模板、教学演示动画等。

特别提醒：上述教学资源可访问人民邮电出版社人邮教育社区（http://www.ryjiaoyu.com/）搜索书名下载，或者发电子邮件至dxbook@qq.com索取。

本书涉及的所有案例、实训、重要知识点都配备了二维码，读者只需用手机扫描即可查看对应的操作演示以及知识点的讲解内容，方便读者灵活运用碎片时间即时学习。

本书由徐栋任主编，葛绪涛、郝彩红、冯燕妮任副主编。虽然编者在编写本书的过程中倾注了大量心血，但恐百密之中仍有疏漏，恳请广大读者不吝赐教。

编者

2018年10月

3

目 录

CONTENTS

第4章 Word文档批量制作 69

第5章 Excel 2013的基本操作 81

第6章 Excel表格编辑与美化 95

Office 2013办公软件高级应用立体化教程（微课版）

CHAPTER 1

第1章
Word 2013 的基本操作

情景导入

　　临近毕业，米拉准备找一份办公文员的工作，通过查阅各方资料，以及复习办公软件 Word 2013 的相关知识，她制作了一份自己的简历，并投递给合适的公司。成功入职后，米拉的第一个任务是完成"工作计划"文档。

学习目标

● 掌握Word 2013的基础知识。

　　如启动与退出Word 2013、熟悉Word 2013工作界面。

● 掌握制作"个人简历"文档的方法。

　　如新建文档、输入文本内容、文本的基本操作、保存文档与保护文档。

● 掌握制作"工作计划"文档的方法。

　　如设置字体格式、段落格式、项目符号和编号、边框与底纹。

案例展示

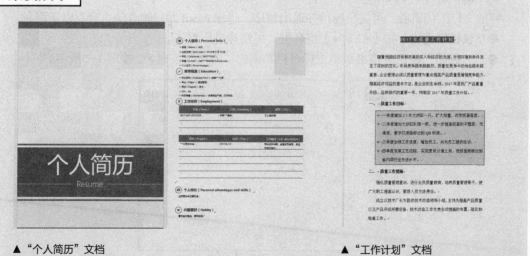

▲ "个人简历"文档　　　　　　　　　　▲ "工作计划"文档

1.1 Word 2013基础知识

Word是Microsoft公司推出的Office办公软件的核心组件之一，是一个功能强大的文字处理软件。使用Word不仅可以进行简单的文字处理，制作出图文并茂的文档，还可以进行长文档的排版和特殊版式编排。下面首先介绍启动与退出Word 2013、熟悉Word 2013工作界面等基础知识。

1.1.1 启动与退出Word 2013

在计算机中安装Office 2013后便可启动相应的组件，Word 2013、Excel 2013、PowerPoint 2013的启动与退出的方法相同。

1. 启动Word 2013

启动Word的方法有多种，下面讲解以下两种主要的方法。

● **通过"开始"菜单启动**：在桌面左下角单击 ■ 按钮，在弹出的"开始"菜单中选择【Microsoft Office 2013】/【Word 2013】菜单命令即可，如图1-1所示。

● **双击计算机中存放的Word文件启动**：在计算机中找到并打开已存放相关Word文件的窗口，然后双击Word文档文件 ，即可启动该软件并打开文档，如图1-2所示。

图1-1 通过"开始"菜单启动　　　图1-2 双击计算机中存放的Word文件启动

2. 退出Word 2013

完成文档的编辑后，可关闭窗口并退出程序。退出Word 2013的方法主要有以下两种。

● **快捷键退出**：按【Alt+F4】组合键，可快速退出程序。

● **"关闭"按钮×退出**：单击标题栏右侧的"关闭"按钮×，如图1-3所示。

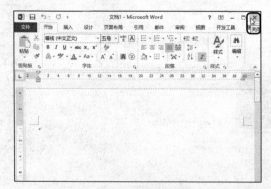

图1-3 单击"关闭"按钮退出Word 2013

知识提示

关闭Word 2013文档

在Word 2013中，"文件"菜单中没有了"退出"菜单命令，只有"关闭"菜单命令，而选择"关闭"菜单命令，关闭的只是文档，并没有关闭Word程序。

1.1.2 熟悉Word 2013工作界面

启动Word 2013后，将打开图1-4所示的工作界面。Word 2013的工作界面主要由快速访问工具栏、标题栏、"文件"选项卡、功能选项卡、功能区、文本编辑区、状态栏、视图栏等部分组成，各自的作用如下。

● **快速访问工具栏**：默认情况下，快速访问工具栏中只显示"保存"按钮 🖫 、"撤销"按钮 ↺ 、"恢复"按钮 ↻ ，单击其中的按钮，可快速对文档进行相应的操作。

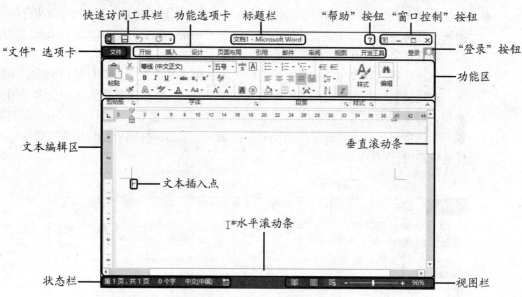

图1-4 Word 2013 工作界面

● **标题栏**：用来显示文档名和程序名，新建的文档默认名称为"文档1"。
● **"窗口控制"按钮**：通过窗口右上侧的"窗口控制"按钮可控制窗口大小，在其中单击"最小化"按钮 － ，可缩小窗口到任务栏并以图标按钮显示；单击"最大化"按钮 □ ，则满屏显示窗口，且按钮变为"向下还原"按钮 ⧉ ，再次单击该按钮将恢复窗口到原始大小；单击"功能区显示选项"按钮 ⊡ ，在弹出的下拉列表中可设置功能区显示或隐藏；单击"关闭"按钮 ✕ ，可退出程序。
● **"文件"选项卡**：对文档执行操作的命令集。单击"文件"选项卡，在弹出的窗口左侧是功能选项卡，右侧是预览窗格，如图1-5所示，无论是查看或编辑文档信息，还是进行文档打印，都能在同一界面中查看到最终效果。
● **"帮助"按钮**：单击"帮助"按钮 ？ ，可打开相应组件的帮助窗口，如图1-6所示，在其中单击所需的超链接，或在下拉列表框中输入需查找的帮助信息，然后单击 ᔎ 按钮，在打开的窗口中再单击相关链接，可详细查看相应的帮助信息。

3

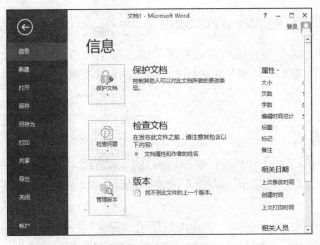

图1-5 "文件"选项卡　　　　　　　　　　　图1-6 帮助窗口

● **功能选项卡**：Word工作界面中显示了多个选项卡，每个选项卡代表Word执行的一组核心任务，并将其任务按功能不同分成若干个组，如"开始"选项卡中有"剪贴板"组、"字体"组、"段落"组等。

● **功能区**：功能选项卡与功能区是对应的关系，单击某个选项卡即可展开相应的功能区，在功能区中有许多自动适应窗口大小的工具栏，每个工具栏为用户提供了相应的组，每个组中包含了不同的命令、按钮或下拉列表框等，如图1-7所示。有的组右下角还会显示一个"对话框启动器"按钮，单击该按钮可打开相关的对话框或任务窗格进行更详细的设置。

图1-7 功能选项卡与功能区

● **文本编辑区**：用来输入和编辑文本的区域。文本编辑区中有一个不断闪烁的竖线光标"|"，即"文本插入点"，用来定位文本的输入位置。

● **滚动条**：在文本编辑区的右侧和底部还有垂直和水平滚动条，当窗口缩小或编辑区不能完全显示所有文档内容时，可拖曳滚动条中的滑块或单击滚动条两端的小黑三角形按钮，使其内容显示出来。

● **状态栏**：位于窗口最底端的左侧，用来显示当前文档页数、总页数、字数、当前文档检错结果、语言状态等内容。

● **视图栏**：位于状态栏的右侧，单击视图按钮组中的相应按钮，可切换视图模式；单击当前显示比例按钮，可打开"显示比例"对话框调整显示比例；单击按钮、按钮或拖曳滑块，也可调节页面显示比例，方便用户查看文档内容。

1.2 课堂案例：制作"个人简历"文档

米拉想尝试制作一份简历，用于求职。要完成该任务，需先新建文档，然后输入文档内容，最后保存与保护文档等。米拉略作思考便开始动手制作了。本例的参考效果如图1-8所示，下面具体讲解其制作方法。

 效果所在位置 效果文件\第1章\个人简历.docx

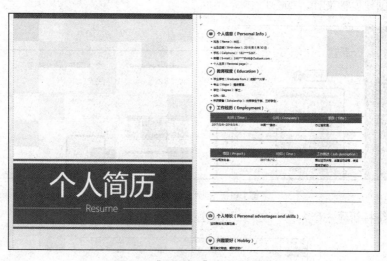

图1-8 "个人简历"文档参考效果

1.2.1 新建文档

在Word 2013中可以新建空白文档，进行输入或编辑操作，也可以利用系统提供的多种格式和内容都已设计好的模板文档，快速生成各种具有专业样式的文档。

1. 新建空白文档

在实际操作中，有时需要从无到有地制作文档，这时可以新建空白文档进行操作。下面启动Word 2013，并新建一个空白文档，其具体操作如下。

（1）启动Word 2013，在打开的窗口右侧选择"空白文档"选项。

（2）系统将新建一个名为"文档1"的空白文档，如图1-9所示。

微课视频

新建空白文档

图1-9 新建空白文档

2. 新建基于模板的文档

Word 2013提供了许多模板样式，如信函、报告、公文等，还可以从Office官方网站中下载更多类型的模板，创建的基于模板样式的文档将自动带有模板中的所有设置内容和格式，用户只需稍作修改便可快速制作出需要的文档，从而节省了设置时间，其具体操作如下。

微课视频

新建基于模板的文档

（1）选择【文件】/【新建】菜单命令，在"搜索联机模板"文本框中输入"简历"，查询简历模板样式。

（2）在查询的结果中选择"个人简历（插入封面）"选项，在弹出的界面中单击"创建"按钮，创建模板文档，如图1-10所示。

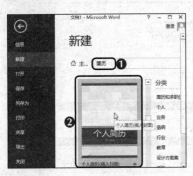

图1-10　创建个人简历文档

（3）此时系统将新建一个名为"文档2"的模板文档，如图1-11所示。

图1-11　个人简历文档效果

1.2.2　输入文本内容

Word作为一个文字处理软件，其主要功能就是可以方便地输入和编辑文本，在Word文档中不仅可以输入普通文本，还可以输入日期、时间、符号等。

1. 输入普通文本

将鼠标光标移动到要输入文本的位置单击，此时将出现文本插入点"I"，然后输入文本即可，其具体操作如下。

（1）在新建的"个人简历"文档中，将鼠标光标定位到要输入文字的位置，此处定位到"个人信息"中的"姓名（Name）："后，输入文本"米拉"。

微课视频

输入普通文本

（2）使用相同的方法，为个人简历中的其余项输入文本内容，如图1-12所示。

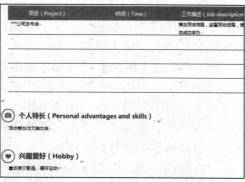

图1-12　输入普通文本

输入文本的方法

　　在空白文档中输入文本，可以使用即点即输的方法，即在空白文档的任意位置双击鼠标，定位文本输入点，即可输入文本。另外，在文档中插入文本框，也可实现在任意位置输入文本的需求。

2. 输入日期和时间

　　要在Word 2013中输入当前日期和时间，可输入年份（如"2013年"）后按【Enter】键，但该方法只能输入如"2013年10月8日星期二"的格式。要插入其他格式的日期与时间则需使用"日期和时间"对话框。下面在文档中插入日期与时间，其具体操作如下。

微课视频

输入日期和时间

（1）将文本插入点定位至文档结尾处，输入"创建日期："文本，在【插入】/【文本】组中单击 日期和时间 按钮。
（2）打开的"日期和时间"对话框，在"语言"下拉列表中选择所需的语言，这里保持默认设置，然后在"可用格式"列表框中选择"2018年7月30日"选项，单击 确定 按钮，返回文档中可看到插入日期与时间后的效果，如图1-13所示。

图1-13　使用"日期和时间"对话框输入所需的日期格式

（3）将鼠标光标移到"工作经历"中表格"时间"的下一行空白单元格，此时鼠标光标变成 I 形状，并输入日期"2017/2/8~2018/2/8"。
（4）用相同的方法继续在文档中插入其他日期与文本内容。

3．输入符号

文档中普通的标点符号可直接通过键盘输入，而一些特殊的符号则需通过"符号"对话框输入，其具体操作如下。

微课视频

输入符号

（1）在文档中的"个人信息"的"姓名"文本前单击定位文本插入点，然后在【插入】/【符号】组中单击"符号"按钮 **Ω**，在弹出的下拉列表中选择"其他符号"选项。

（2）打开"符号"对话框，在"字体"下拉列表框中选择"微软雅黑"字体，接着在"子集"下拉列表框中选择字符样式，即可在下方的下拉列表框中选择需要的符号；或者在"字符代码"文本框中输入需要符号的代码，这里输入"FFED"，然后单击 插入(I) 按钮将该符号插入到文档中，如图1-14所示。

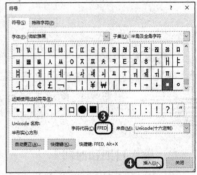

图1-14　输入符号

1.2.3　保存文档

为了方便以后查看和编辑，应将创建的文档保存到计算机中。若需对已保存过的文档进行编辑，但又不想影响原来文档中的内容，则可以将编辑后的文档另存，其具体操作如下。

（1）选择【文件】/【另存为】菜单命令，双击"计算机"选项，打开"另存为"对话框，选择保存路径，然后在"文件名"下拉列表框中输入文档名称"个人简历"，完成后单击 保存(S) 按钮，如图1-15所示。

微课视频

保存文档

（2）在工作界面的标题栏上即可看到文档名发生变化。另外，在计算机中相应的位置也可找到保存的文件。

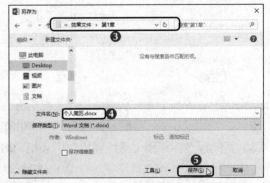

图1-15　保存文档

多学一招

文档保存

在已保存过的文档中按【Ctrl+S】组合键，可直接将修改后的效果保存到原文档中；在未保存过的文档中按【Ctrl+S】组合键，则可打开"另存为"对话框进行保存。

1.2.4　保护文档

在Word文档中，为了防止他人随意查看文档信息，可通过对文档进行加密，以保护整个文档，其具体操作如下。

微课视频
保护文档

（1）选择【文件】/【信息】菜单命令，单击"保护文档"按钮🔒，在弹出的下拉列表中选择"用密码进行加密"选项。

（2）打开"加密文档"对话框，在"密码"文本框中输入密码"123456"，然后单击 确定 按钮；打开"确认密码"对话框，在文本框中重复输入密码"123456"，然后单击 确定 按钮。操作过程及完成后的效果如图1-16所示。

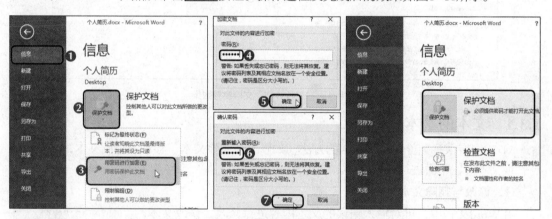

图1-16　通过加密文档设置保护功能

（3）返回工作界面，在快速访问工具栏中单击"保存"按钮 💾 保存设置。关闭该文档，再次打开时将打开"密码"对话框，在文本框中输入密码并单击 确定 按钮即可打开。

通过"另存为"保护文档

执行"另存为"命令，打开"另存为"对话框，单击对话框底部的 工具(L) ▾ 按钮，在弹出的下拉列表中选择"常规选项"选项，打开"常规选项"对话框，在"打开文件时的密码"文本框中输入密码，单击 保护文档(P)... 按钮即可实现对文档的保护。

1.3　课堂案例：设置"工作计划"文档

米拉成功入职于某公司，作为办公文员，公司安排老洪来带领她完成实习期工作，进公司的第一个任务就是完成"工作计划"文档的编辑与美化。要完成该任务，需要用到文本的相关基本操作、设置字体格式、设置段落格式、设置项目符号和编号、设置边框与底纹等知识点。本例的参考效果如图1-17所示，下面具体讲解其制作方法。

| **素材所在位置** | 素材文件\第1章\工作计划.docx |
| **效果所在位置** | 效果文件\第1章\工作计划.docx |

图1-17　"工作计划"文档参考效果

1.3.1　文本的基本操作

Word中有很多完善和修改文档的方法，如修改与删除文本、移动与复制文本，以及查找与替换文本等，下面进行详细介绍。

1. 修改与删除文本

在Word文档中，可对输入错误的文本内容进行修改，修改文本的方式主要有插入文本、改写文本、删除不需要的文本等。

（1）修改文本。

在文档中，若漏输了相应的文本，或需修改输入错误的文本，可使用鼠标定位或选择相应文本进行修改，其具体操作如下。

微课视频

修改文本

① 打开"工作计划.docx"素材文档，将文本插入点定位在第3行"发展"文本后，输入逗号"，"，如图1-18所示。

图1-18　插入文本

② 使用鼠标拖动的方法选择第3行的"产生"文本，输入"发生了"文本，如图1-19所示。

图1-19　改写文本

文本改写模式

在需要改写的字或词前面定位文本插入点，按【Insert】键进入改写模式，接着输入要修改的字或词，即可改写文本。另外，也可在状态栏上单击鼠标右键，在弹出的快捷菜单中选择"改写"命令，然后单击该按钮切换。

（2）删除文本。

如果在文档中输入了多余或重复的文本，可使用删除操作将不需要的文本从文档中删除，其具体操作如下。

① 将文本插入点定位到第3行的"企业对"文本后。

② 按3次【BackSpace】键可删除"企业对"文本，如图1-20所示。需要注意的是，按【BackSpace】键只删除光标前方的文本，按【Delete】键则可删除光标后的文本。

微课视频

删除文本

图1-20 删除不需要的文本

2. 移动与复制文本

通过移动操作可将文档中某部分文本内容移动到另一个位置，改变文本的先后顺序；若要保留原文本内容的位置不变，并复制该文本内容到其他位置，可通过复制操作在多个位置输入相同文本，避免重复输入操作。

（1）移动文本。

移动文本是指将选择的文本移动到另一个位置，原位置将不再保留文本，其具体操作如下。

① 使用鼠标拖动的方法选择第1行的"兴旺造纸厂"文本，在【开始】/【剪贴板】组中单击"剪切"按钮✂。

② 将文本插入点定位到文章尾部文本"圆满实现。"后，按【Enter】键换行，在【开始】/【剪贴板】组中单击"粘贴"按钮📋，完成移动文本后的效果如图1-21所示。

微课视频

移动文本

11

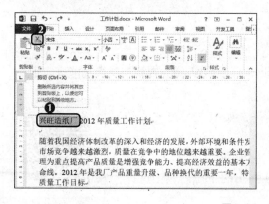 

图1-21 移动文本

快捷移动文本

选择需要移动的文本，按住鼠标左键不放，将其拖曳到目标位置，或按【Ctrl+X】组合键，将选择的文本剪切到剪贴板中，然后将文本插入点定位到目标位置后，按【Ctrl+V】组合键粘贴文本。

（2）复制文本。

复制文本与移动文本相似，只是复制文本后，原位置仍然保留该文本，其具体操作如下。

① 选择开头文本"2012年质量工作计划"，在【开始】/【剪贴板】组中单击"复制"按钮。

② 将文本插入点定位到第1段末尾"特制定"文本后，在【开始】/【剪贴板】组中单击"粘贴"按钮，复制文本后的效果如图1-22所示。

微课视频

复制文本

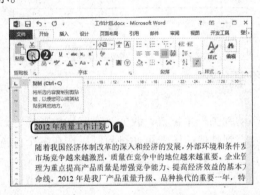

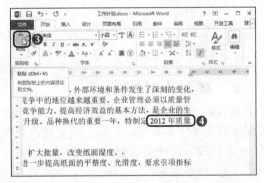

图1-22　复制并粘贴文本

快速复制文本

选择需要复制的文本，按住【Ctrl】键，同时按住鼠标左键将其拖到目标位置即可，或按【Ctrl+C】组合键，将选择的文本复制到剪贴板中，然后将文本插入点定位到目标位置后，按【Ctrl+V】组合键粘贴文本。

3. 查找与替换文本

在一篇长文档中要查看某个字词的位置，或是将某个字词全部替换为另外的字词，逐个查找并替换将花费大量的时间，且容易漏改，此时可使用Word的查找与替换功能来实现。

（1）查找文本。

使用查找功能可以在文档中查找任意字符，如中文、英文、数字、标点符号等，其具体操作如下。

① 将文本插入点定位到文档的开头位置，然后在【开始】/【编辑】组中单击查找按钮右侧的下拉按钮，在弹出的下拉列表中选择"高级查找"选项。

微课视频

查找文本

② 打开"查找和替换"对话框，在"查找内容"下拉列表框中输入查找内容，如"质量"，然后单击 查找下一处(F) 按钮，如图1-23所示，系统将自动查找文本插入点后的第1个符合条件的文本内容。

图1-23 查找第一个符合条件的文本

③ 单击 在以下项中查找(I)▼ 按钮，在弹出的下拉列表中选择"主文档"选项，如图1-24所示，系统将自动在文档中查找相应的内容，并在对话框中显示出与查找条件相匹配的总数目。

④ 单击 阅读突出显示(R)▼ 按钮，在弹出的下拉列表中选择"全部突出显示"选项，系统将自动在文档中查找相应的内容，并突出显示，如图1-25所示。完成查找后单击 关闭 按钮，关闭该对话框。

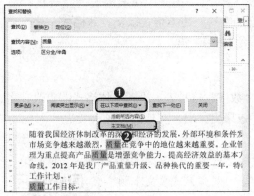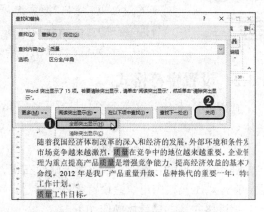

图1-24 查找文档中符合条件的所有文本　　　　图1-25 突出显示查找的文本

使用"导航"窗格查找内容

按【Ctrl+F】组合键或在"编辑"组中单击 🔍查找 按钮，在打开的"导航"窗格的文本框中输入查找内容，系统将自动在文档中查找相应的内容并突出显示，完成查找后可单击窗格右上角的x按钮，关闭该窗格。

（2）替换文本。

替换文本就是将文档中查找到的内容修改为另一个字或词，其具体操作如下。

① 将文本插入点定位到文档的开头位置，然后在【开始】/【编辑】组中单击 替换 按钮。

② 打开"查找和替换"对话框的"替换"选项卡，在"查找内容"下拉列表框中输入"2012"，在"替换为"下拉列表框中输入

微课视频

替换文本

"2017"文本，然后单击 全部替换(A) 按钮，将文档中所有的"2012"文本替换成"2017"，并打开提示对话框提示替换的数量，单击 确定 按钮确认替换内容，单击 关闭 按钮关闭对话框，如图1-26所示。

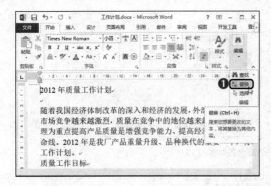
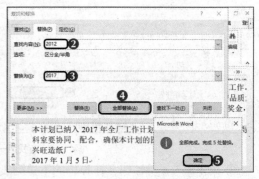

图1-26　替换文本

高级替换

在"查找和替换"对话框中的"替换"选项卡下单击 更多(M) >> 按钮，在展开的对话框中的"搜索选项"栏中可单击选中需要限定的复选框，在"替换"栏中可选择查找或替换的字符、段落格式以及特殊格式，从而实现替换字符格式、删除空行等高级替换操作。

1.3.2　设置字符格式

在Word文档中，文本内容包括汉字、字母、数字、符号等。设置字体格式即更改文字的字体、字号和颜色等，通过这些设置可以使文字效果更突出，文档更美观。

1. 使用浮动工具栏设置

在Word 2013中选择文本或单击鼠标右键，将会出现一个浮动工具栏。在浮动工具栏中可快速设置字体、字号、字形、对齐方式、文本颜色、缩进格式等，其具体操作如下。

微课视频

使用浮动工具栏设置

（1）选择标题文本，单击鼠标右键，将鼠标光标移动到浮动工具栏上，在"字体"下拉列表框中选择"黑体"选项。

（2）在"字号"下拉列表框中选择"三号"选项，如图1-27所示。

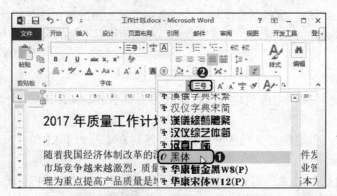

图1-27　使用浮动工具栏设置字体和字号

2. 使用"字体"组设置

"字体"组的使用方法与浮动工具栏相似，都是选择文本后在其中单击相应的按钮，或在相应的下拉列表框中选择所需的选项进行字符设置，其具体操作如下。

微课视频
使用"字体"组设置

（1）选择除标题文本外的文本内容，在【开始】/【字体】组的"字号"下拉列表框中选择"四号"选项，如图1-28所示。

（2）选择"质量工作目标"文本，再按住【Ctrl】键，同时选择"质量工作措施"文本，在"字体"组中单击"加粗"按钮 **B**，如图1-29所示。

图1-28　设置字号　　　　　　　　　　图1-29　设置加粗

3. 使用"字体"对话框设置

在"字体"组的右下角有一个"对话框启动器"按钮，单击该按钮可打开"字体"对话框，在其中提供了与字体组相关的更多设置选项，如双删除线和改变字符之间的距离等，其具体操作如下。

微课视频
使用"字体"对话框
设置

（1）选择标题文本，在"字体"组单击"对话框启动器"按钮。

（2）打开"字体"对话框，单击"高级"选项卡，在"缩放"下拉列表框中输入"120%"，在"间距"下拉列表框中选择"加宽"选项，其后的"磅值"数值框中保持默认，如图1-30所示，完成后单击 确定 按钮。

图1-30　设置字符间距

多学一招

设置"字体"对话框的"字体"选项卡

在"字体"对话框的"字体"选项卡中可进行字体、字号、字形、字体颜色和下划线等关于字体格式的常规设置。该选项的功能除了与"字体"相类似，在其中还可以设置字符的上下标、阴影等，所以关于字体较复杂的设置可通过此选项完成。

1.3.3 设置段落格式

段落是指文字、图形等对象的集合。回车符"↵"是段落的结束标记。通过设置段落格式，如段落对齐方式、缩进格式、行间距和段间距等，可以使文档的结构更清晰、层次更分明。

1. 设置段落对齐方式

Word中的段落对齐方式包括左对齐、居中对齐、右对齐、两端对齐（默认对齐方式）和分散对齐5种。在浮动工具栏和"段落"组中单击相应的对齐按钮，可设置段落的对齐方式，其具体操作如下。

（1）选择标题文本，在【开始】/【段落】组中单击"居中"按钮 ≡。

（2）选择最后两行文本，在"段落"组中单击"右对齐"按钮 ≡，如图1-31所示。

微课视频
设置段落对齐方式

 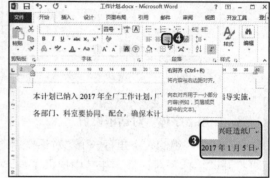

图1-31 设置段落对齐方式

2. 设置段落缩进

段落缩进是指段落左右两边文字与页边距之间的距离，包括左缩进、右缩进、首行缩进和悬挂缩进。为了更精确和详细地设置各种缩进量的值，通过"段落"对话框进行设置，其具体操作如下。

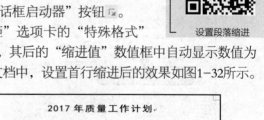
微课视频
设置段落缩进

（1）选择除标题、最后两行和"质量工作目标""质量工作措施"外的文本内容，在"段落"组中单击"对话框启动器"按钮 。

（2）打开"段落"对话框，在"缩进和间距"选项卡的"特殊格式"下拉列表框中，选择"首行缩进"选项，其后的"缩进值"数值框中自动显示数值为"2字符"，完成后单击 确定 按钮，返回文档中，设置首行缩进后的效果如图1-32所示。

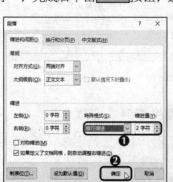 

图1-32 设置段落缩进后的效果图

3. 设置行间距和段间距

行间距是指段落中一行文字底部到下一行文字底部的间距，而段间距是指相邻两段之间的距离，包括段前和段后的距离。Word默认的行间距是单倍行距，用户可根据实际需要进行更改，其具体操作如下。

微课视频
设置行间距和段间距

（1）选择标题文本，在"段落"组右下角单击"对话框启动器"按钮<u></u>，打开"段落"对话框，在"间距"栏的"段前"数值框和"段后"数值框中分别输入"1行"，完成后单击 确定 按钮，如图1-33所示。

（2）选择"质量工作目标"文本，按住【Ctrl】键的同时选择"质量工作措施"文本，打开"段落"对话框，在"间距"栏的"行距"下拉列表框中选择"多倍行距"选项，其后"设置值"数值框中自动显示数值为"3"，完成后单击 确定 按钮，如图1-34所示。

图1-33 设置标题间距　　　　　　　　图1-34 设置一级标题间距

1.3.4 设置项目符号与编号

使用项目符号与编号功能，可为属于并列关系的段落添加●、★、◆等项目符号，也可添加如"1. 2. 3."或"A. B. C."等序列编号，还可组成多级列表，使文档层次更分明，条理更清晰。

微课视频
设置项目符号与编号

（1）选择"质量工作目标"下的文本。

（2）在"段落"组中单击"项目符号"按钮<u></u>右侧的下拉按钮，在弹出的下拉列表的"项目符号库"栏中选择"◇"选项，设置项目符号后的效果如图1-35所示。

图1-35 设置项目符号

定义新项目符号

　　在"项目符号"下拉列表中选择"定义新项目符号"选项，打开"定义新项目符号"对话框，在"项目符号字符"栏中可单击 `符号(S)...` 按钮，打开"符号"对话框选择一种符号样式；单击 `图片(P)...` 按钮，可选择一张图片作为项目符号；单击 `字体(F)...` 按钮，打开"字体"对话框可设置项目符号的字符格式，在"对齐方式"下拉列表框中可设置项目符号的对齐方式。

（3）选择"质量工作目标"与"质量工作措施"文本内容。

（4）在"段落"组中单击"编号"按钮 右侧的下拉按钮，在弹出的下拉列表的"编号库"栏中选择"一、二、三、"序列编号样式，如图1-36所示。

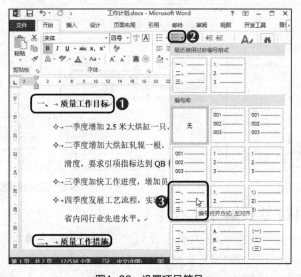

图1-36　设置项目符号

设置多级列表

　　多级列表在展示同级文档内容时，还可显示下一级文档内容，常用于长文档中。设置多级列表的方法为：选择要应用多级列表的文本，在"段落"组中单击"多级列表"按钮 ，在弹出的下拉列表的"列表库"栏中选择多级列表样式。

1.3.5　设置边框与底纹

　　为文档内容设置边框和底纹可突出显示文档的重点内容，丰富文档的版式，美化文档。Word中可通过"段落"组的"底纹"按钮 和"边框"按钮 来完成设置，其具体操作如下。

（1）选择标题行，在"段落"组中单击"底纹"按钮 右侧的下拉按钮，在弹出的下拉列表中选择"深红"选项，如图1-37所示。

（2）选择"质量工作目标"下的4段文本，在"段落"组中单击"边

微课视频

设置边框与底纹

框"按钮 ▦ 右侧的下拉按钮，在弹出的下拉列表中选择"边框和底纹"选项，如图1-38所示。

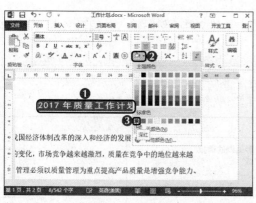

图1-37 设置底纹

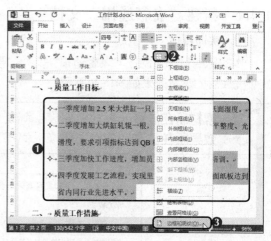

图1-38 选择"边框和底纹"选项

（3）打开"边框和底纹"对话框，在"边框"选项卡的"设置"栏中选择"方框"选项，在"样式"列表框中选择"＿＿＿＿"选项。

（4）单击"底纹"选项卡，在"填充"下拉列表中选择"白色，背景1，深色15%"选项，单击 确定 按钮，在文档中查看设置边框与底纹后的效果，如图1-39所示。

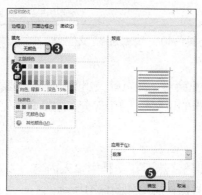

图1-39 为段落设置边框与底纹

设置字符或页面边框与底纹

在【开始】/【字体】组中单击"字符边框"按钮 A 和"字符底纹"按钮 A ，可设置字符边框与底纹；在【设计】/【页面背景】组中单击 页面边框 按钮，打开"边框和底纹"对话框，在其中即可进行与段落边框相同的设置，在"页面背景"组中单击 页面颜色 按钮，即可在弹出的下拉列表中设置页面底纹。

1.4 项目实训

1.4.1 新建"表彰通报"文档

1. 实训目标

本实训的目标是制作"表彰通报"文档，要求新建文档，然后输入并编辑文本内容。本实训完成后的参考效果如图1-40所示。

素材所在位置 素材文件\第1章\项目实训\表彰通报.txt
效果所在位置 效果文件\第1章\项目实训\表彰通报.docx

宏发科技关于表彰刘鹏的通报

研发部：

　　刘鹏在本月"创举突破"活动中，积极研究，解决了长期困扰公司产品的生产瓶颈，使机械长期受损的情况得以实质性的减少。

　　为了表彰刘鹏，公司领导研究决定：授予刘鹏"先进个人"荣誉称号，并奖励20000元进行鼓励。

　　希望全体员工以刘鹏为榜样，在工作岗位上努力进取，积极创新，为公司开拓效益。

宏发科技有限公司（印章）

2017年12月20日

微课视频

新建"表彰通报"文档

图1-40 "表彰通报"文档效果

2. 专业背景

为了鼓励员工努力向上，企业会对一些贡献突出的员工通报表彰。表彰通报由标题和正文组成。需要注意的是，表彰通报的正文分为4个部分，包括介绍先进事迹、先进事迹的性质和意义、表彰决定和希望号召。

3. 操作思路

完成本实训首先需要新建文档，然后在文档中输入内容，并对文本进行修改、编辑操作，最后设置保护并保存文档，其操作思路如图1-41所示。

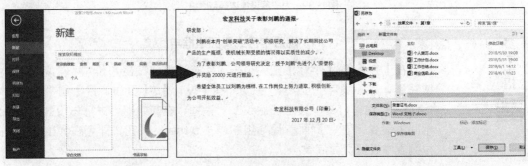

① 新建文档并输入内容　　　② 修改、编辑文档　　　③ 保护并保存文档

图1-41 "表彰通报"文档制作思路

【步骤提示】

（1）启动Word 2013，新建空白文档，在页面中输入素材"表彰通报.txt"中的内容。

（2）设置文本字号为"四号"，单独设置标题字体格式为"黑体、三号"、居中对齐并加粗。

（3）复制文本"宏发科技"，在文档末尾日期前一段尾定位文本插入点，按【Enter】键换行，使用只保留文本方式粘贴文本，在其后输入文本"有限公司（印章）"，将最后两行设置右对齐。

（4）在【开始】/【段落】组中设置正文文本首行缩进。

（5）使用替换操作，将文本"XX"替换为"刘鹏"，完成文本制作。

（6）在【文件】/【信息】菜单命令中为文档设置保护密码"123456"，完成后在【文件】/【保存】菜单命令中将其以"表彰通报"为名进行保存。

1.4.2 编辑"会议通知"文档

1. 实训目标

本实训的目标是对"会议通知"文档进行字体和段落等设置。本实训完成后的参考效果如图1-42所示。

素材所在位置 素材文件\第1章\项目实训\会议通知.docx
效果所在位置 效果文件\第1章\项目实训\会议通知.docx

图1-42 "会议通知"文档效果

微课视频

编辑"会议通知"文档

2. 专业背景

会议通知是上级对下级、组织对成员或平行单位之间部署工作、传达事情或召开会议等所使用的应用文。通知的写法有两种：一种以布告形式贴出，把事情通知到有关人员，如学生、观众等，通常不用称呼；另一种以书信的形式发给有关人员，会议通知写作形式同普通书信一样，只要写明通知的具体内容即可。

3. 操作思路

完成本实训需要根据提供的素材文档进行字体、段落和编号等的设置，完成后保存文档，其操作思路如图1-43所示。

① 打开文档　　　　　② 编辑文档内容　　　　　③ 保存文档并退出Word

图1-43　"会议通知"文档操作思路

【步骤提示】

（1）打开素材文档"会议通知.docx"，选择标题文本，设置其字符格式为"黑体、四号"，并居中。将文档最后两行文本设置为右对齐。

（2）选择除"公司各部门："和"特此通知"外的正文部分文本，设置其首行缩进"2字符"；选择"特此通知"文本，在"段落"对话框中设置其段前和段后间距为"1行"。

（3）选择"会议形式"至"奖惩规定"间除两段"会议要求"内容外的文本，在【开始】/【段落】组中单击"编号"按钮 右侧的下拉按钮，为该内容设置"一、二、三、"编号样式。

（4）选择"会议要求"中的两段文本，在【开始】/【段落】组中单击"项目符号"按钮 右侧的下拉按钮，为该内容设置项目符号"◆"；同时，在"段落"组中单击"边框"按钮 右侧的下拉按钮，在弹出的下拉列表中选择"外侧框线"选项。

（5）选择文本"200元/次"和"会议时间""会议地点"下的文本内容，设置其字体颜色为标准色"红色"。

（6）选择【文件】/【保存】菜单命令，保存文档。

（7）在标题栏右侧单击"关闭"按钮 ✕，退出Word 2013。

1.5　课后练习

本章主要介绍了Word 2013的基本操作，其中包括Word 2013的启动与退出、新建文档、输入文本内容、保存文档、保护文档、设置文本字符格式、设置段落格式、设置项目符号和编号、设置边框与底纹等。由于本章内容在办公中应用较为基础，因此读者要牢记，并熟练操作。

练习1：新建"商业信函"文档

本练习要求新建一个"商业信函"文档，通过新建模板文档创建文档，然后输入文本完善文档内容。参考效果如图1-44所示。

效果所在位置　效果文件\第1章\课后练习\商业信函.docx

要求操作如下。

- 启动Word 2013，新建"商业信函"联机模板。
- 在搜索的结果中选择"商业信函（蓝色边框，颜色渐变）"选项，新建模板文档。
- 根据模板中的提示，输入文本内容，完成后保存文档。
- 使用文档的保护功能，为文档设置密码"123456"，完成文档的新建。

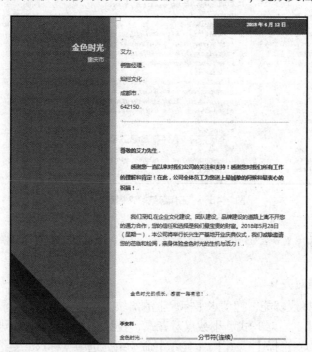

新建"商业信函"
文档

图1-44 "商业信函"文档效果

练习2：编辑"工作总结"文档

本练习要求对"工作总结"文档进行编辑，可打开本书提供的素材文件进行操作，参考效果如图1-45所示。

素材所在位置 素材文件\第1章\课后练习\工作总结.docx
效果所在位置 效果文件\第1章\课后练习\工作总结.docx

要求操作如下。

- 使用查找替换功能，将"班长"替换为"主管"。
- 剪切有紫色下划线处的文本"时常的"，将其粘贴在该处"对员工"文本前，并将"的"删除。
- 选择全文，将字号设置为"四号"，选择标题文本，设置字体格式为"黑体、二号"，加粗后居中处理，设置段前段后间距为"1行"。
- 为"安全工作""操作管理工作""设备点检"和"工作计划"设置编号"一、二、三、"序号样式，并加粗处理。
- 为最后两行文本设置右对齐，将其余未设置的正文文本进行首行缩进。

编辑"工作总结"
文档

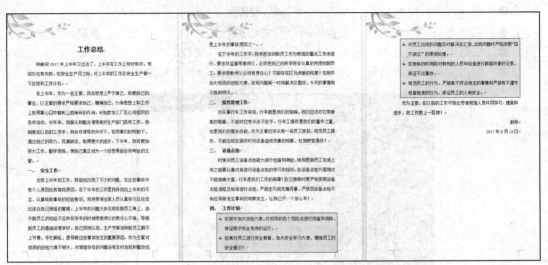

● 为"工作计划"中的5段文本设置项目符号"🌿"，并添加边框和底纹。

图1-45 "工作总结"文档效果

1.6 技巧提升

1．利用标尺快速对齐文本

在Word中有一项标尺功能，拖动水平标尺上的滑块，可方便地设置制表位的对齐方式，它以左对齐式、居中式、右对齐式、小数点对齐式、竖线对齐式和首行缩进、悬挂缩进循环设置。具体操作步骤为：选择【视图】/【显示】命令组，选中"标尺"复选框单击，标尺即可在页面的上方和左方显示出来。

2．快速切换英文字母大小写

在Word中编辑英文文档时，经常需要切换大小写，通过使用快捷键可快速切换。下面以"office"单词为例，在文档中选择"office"，按【Shift+F3】组合键一次，可将其切换为"Office"；再按一次【Shift+F3】组合键，可切换为"OFFICE"；再按一次【Shift+F3】组合键，则可切换回"office"。

3．快速调整Word文档行距

在编辑Word文档时，要想快速改变文本段落的行距，可以选中需要设置的文本段落，按【Ctrl+1】组合键，即可将段落设置成单倍行距；按【Ctrl+2】组合键，即可将段落设置成双倍行距；按【Ctrl+5】组合键，即可将段落设置成1.5倍行距。

4．批量设置文档格式

在一些文档中，会出现大量相同的术语或关键词，如果需要对这些术语或关键词设置统一的格式，可使用替换功能快速实现。具体操作步骤为：选择设置完格式的关键词，按【Ctrl+C】组合键将其复制到剪切板中；按【Ctrl+H】组合键打开"查找和替换"对话框的"替换"选项卡，在"查找内容"文本框中输入关键词，在"替换为"文本框中输入"^c"，单击"全部替换"按钮 全部替换(A)。

需要注意的是，这里的"^"是半角符号，"c"是小写英文字符。

CHAPTER 2

第 2 章
Word 文档的图文混排

情景导入

　　米拉扎实的Word基本功让老洪十分欣慰，因此他准备加快进度，让米拉学习文档的图文混排操作，掌握公司关于活动策划书、产品宣传单和工作报告文档的制作方法。

学习目标

● 掌握制作"活动策划书"文档的方法。

　　如插入和编辑表格、美化表格、插入和编辑图片。

● 掌握制作"产品宣传单"文档的方法。

　　如添加艺术字、设置文本框、绘制与编辑形状。

● 掌握制作"工作报告"文档的方法。

　　如使用剪贴画、插入与编辑图表、插入与编辑SmartArt图形。

案例展示

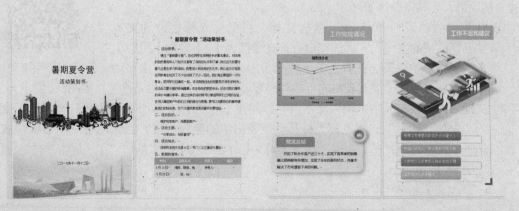

▲ "活动策划书"文档　　　　　　▲ "工作报告"文档

2.1 课堂案例：制作"活动策划书"文档

老洪将公司刚接到的一个"活动策划书"文档交给米拉制作，要求简洁美观，条理清晰，并应用统一的文档风格。要完成该任务，需插入与编辑表格、美化表格，以及插入和编辑图片等。米拉略作思考便开始动手制作了。本例的参考效果如图2-1所示，下面具体讲解其制作方法。

素材所在位置　素材文件\第2章\活动策划书.docx
效果所在位置　效果文件\第2章\活动策划书.docx

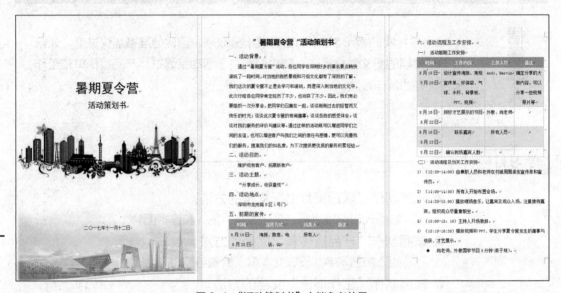

图2-1 "活动策划书"文档参考效果

2.1.1 插入与编辑表格

用表格表示数据可以使复杂的内容看起来简洁明了和条理清晰，在Word中可以方便地插入所需行列数的表格，并根据需要编辑出所需的表格效果，其具体操作如下。

微课视频

插入与编辑表格

（1）打开"活动策划书.docx"素材文档，将鼠标光标定位到文本"五、前期的宣传："后的空白行，在【插入】/【表格】组中单击"表格"按钮▦，在弹出的下拉列表的"插入表格"栏中移动鼠标光标，选择要插入表格的行数和列数，这里选择"4×2表格"，如图2-2所示。

（2）在插入的表格单元格中输入文本内容，并在【开始】/【字体】组中将其文本格式设置为"宋体，四号"；将鼠标光标移动至表格中的竖线位置，当光标变为 ╫ 形状时拖动调整单元格大小；在【表格工具 布局】/【对齐方式】组中单击"水平居中"按钮▤，如图2-3所示。

图2-2　插入表格

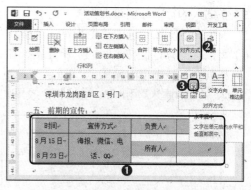

图2-3　输入并编辑文本

（3）使用鼠标拖动选择文本"（一）活动前期工作安排"中的文本内容，在【插入】/【表格】组中单击"表格"按钮▦，在弹出的下拉列表中选择"文本转换成表格"选项。打开"将文字转换成表格"对话框，在"表格尺寸"栏中的"列数"数值框中输入"4"，单击 确定 按钮，如图2-4所示。

图2-4　将文本转换为表格

（4）使用鼠标拖动选择表格中间两行空白单元格，在【表格工具 布局】/【行和列】组中单击"删除"按钮▦，在弹出的下拉列表中选择"删除行"选项；将鼠标光标定位到第1行单元格，在【表格工具 布局】/【行和列】组中单击"在上方插入"按钮▦，如图2-5所示。

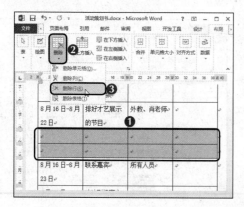

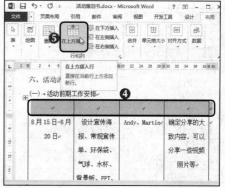

图2-5　删除和插入行

（5）在插入的行中分别输入文本"时间""工作内容""工作人员"和"备注"，单击表格左上角的 ⊞ 按钮选中整个表格，调整其对齐方式为"水平居中"，如图2-6所示。

（6）将鼠标光标定位在"时间"单元格，在【表格工具 布局】/【单元格大小】组中的"表格列宽"数据框中输入"2.8厘米"，使用相同方法为其余3列设置列宽，分别为"4.9厘米""3.4厘米"和"3.4厘米"，效果如图2-7所示。

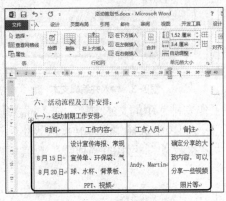

图2-6 输入文本并设置格式　　　　图2-7 调整单元格列宽

合并与拆分单元格

在【表格工具 布局】/【合并】组中单击"合并单元格"按钮 ▦，或"拆分单元格"按钮 ▦，可对单元格进行合并与拆分操作，制作出需要的样式。

2.1.2 美化表格

Word中提供了多种预设的表格样式，用户可以应用这些样式快速对表格的字体样式、边框、底纹等进行设置，其具体操作如下。

微课视频

美化表格

（1）单击表格左上角的 ⊞ 图标选择整个表格，然后在【表格工具 设计】/【表格样式】组中单击选中"标题行"复选框，如图2-8所示。

（2）在"表格样式"组的列表框中单击 ▾ 按钮，在弹出的下拉列表中选择"网格表4-着色3"选项，如图2-9所示。

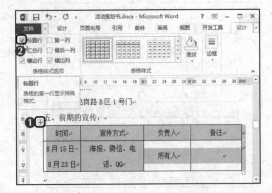

图2-8 设置表格样式选项　　　　图2-9 选择表格样式

（3）返回文档中可看到应用表格样式后的效果。使用相同的方法，在【表格样式】组中撤销选中"第一列"复选框，为另一个表格设置相同样式，效果如图2-10所示。

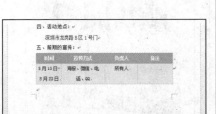

图2-10 应用表格样式后的效果

自定义表格样式

　　在"表格样式"组中单击"底纹"按钮 右侧的下拉按钮，在弹出的下拉列表中可设置底纹颜色；而在"边框"组中则可自定义设置边框样式、粗细、颜色，以及应用边框刷绘制边框等操作。

2.1.3 插入与编辑图片

　　为了丰富文档内容，使文档更具有说服力，用户可将合适的图片插入文档中。在文档中插入图片后，将自动激活图片工具下的"格式"选项卡，在其中可对图片亮度、图片样式、图片大小、排列方式等进行编辑，其具体操作如下。

微课视频

插入与编辑图片

（1）将文本插入点定位到文档的第1页，然后在【插入】/【插图】组中单击"图片"按钮 。

（2）打开"插入图片"对话框，在左上角的下拉列表框中依次选择要插入图片所在的路径，然后选择要插入的图片"01.jpg"～"04.jpg"，单击 插入(S) 按钮，如图2-11所示。

图2-11 选择需插入的图片

（3）返回文档中选择任意一张图片，在【图片工具 格式】/【排列】组中单击"位置"按钮 ，在弹出的下拉列表的"文字环绕"栏中选择"中间居中，四周型文字环绕"选项；接着使用鼠标在四周的控制点上按住左键并拖动，改变图片大小。使用相同的方法设置其余3张图片，并拖动调整其位置，设置步骤及效果如图2-12所示。

图2-12 设置图片及设置后的效果

（4）选择"03.jpg"图片，在【图片工具 格式】/【排列】组中单击 上移一层 按钮，如图2-13所示。

（5）继续在【图片工具 格式】/【调整】组中单击"删除背景"按钮，拖动图片四周的控制点，调整裁剪区域。在【背景消除】/【优化】组中单击"标记要保留的区域"按钮 ，单击选择要保留的区域，完成后单击"保留更改"按钮 ，如图2-14所示。

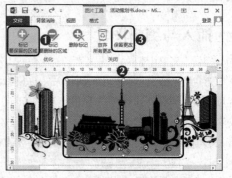

图2-13 上移图片　　　　　　　　图2-14 裁剪背景

（6）在【图片工具 格式】/【调整】组中单击 颜色 按钮，在弹出的下拉列表的"重新着色"栏中选择"灰度"选项，如图2-15所示。为其左右两张图片进行相同设置。

（7）在"调整"组中单击 更正 按钮，在弹出的下拉列表的"亮度/对比度"栏中选择"亮度：+40% 对比度：+40%"选项，如图2-16所示。

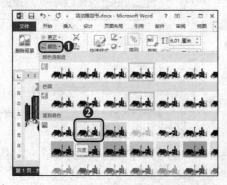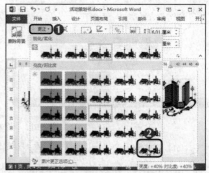

图2-15 调整图片颜色　　　　　　图2-16 调整图片亮度/对比度

（8）选择底部的图片，在【图片工具 格式】/【调整】组中单击  按钮，在弹出的下拉列表的"重新着色"栏中选择"灰度–50%，着色3 浅色"选项，如图2–17所示。

（9）在【图片工具 格式】/【图片样式】组中单击"快速样式"按钮，在弹出的下拉列表中选择"柔化边缘矩形"选项，如图2–18所示。

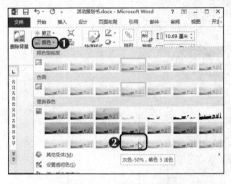
图2–17 调整图片颜色

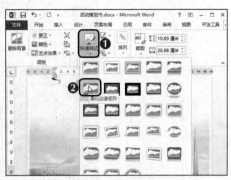
图2–18 设置图片样式

（10）在【图片工具 格式】/【排列】组中单击"自动换行"按钮，在弹出的下拉列表中选择"衬于文字下方"选项，如图2–19所示。

（11）返回文档完成活动策划书的制作，效果如图2–20所示。

图2–19 设置图片换行

图2–20 封面效果

多学一招

裁剪图片

　　在【图片工具 格式】/【大小】组中单击"裁剪"按钮下方的下拉按钮，在弹出的下拉列表中可设置自定义裁剪、形状裁剪、设置横纵比裁剪和裁剪填充等，将图片裁剪为需要的样式。

2.2 课堂案例：制作"产品宣传单"文档

　　米拉所在的公司接到一款产品的宣传单制作项目，公司让老洪的项目组进行制作，老洪准备考查米拉的设计能力，让米拉也跟着制作。要完成该任务，需插入并编辑艺术字、文本框和形状等。本例的参考效果如图2–21所示，下面具体讲解其制作方法。

素材所在位置	素材文件\第2章\文字素材.txt、产品宣传单.docx
效果所在位置	效果文件\第2章\产品宣传单.docx

图2-21 "产品宣传单"文档参考效果

2.2.1 添加艺术字

艺术字是具有特殊艺术效果的文字，将其插入文档中并进行编辑，可使其呈现出不同的效果，达到美化文档的作用。插入艺术字后，为了使艺术字效果更美观，更符合文档内容，可编辑艺术字的位置与大小、艺术字样式等，其具体操作如下。

微课视频

添加艺术字

（1）打开素材文档"产品宣传单.docx"，在页面中单击鼠标定位插入点，然后在【插入】/【文本】组中单击"艺术字"按钮 Ａ，在弹出的下拉列表中选择"填充-蓝色，着色1，阴影"选项，如图2-22所示。

（2）此时将自动插入艺术字文本框，然后保持文本框中"请在此放置您的文字"文本的选择状态，并输入文本内容"高档瓷器餐具套装"，如图2-23所示。

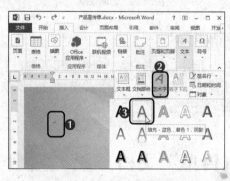

图2-22 插入艺术字

图2-23 输入文字

（3）在【绘图工具 格式】/【排列】组中单击 对齐 按钮，在弹出的下拉列表中选择"左右居中"选项，如图2-24所示。

（4）在【绘图工具 格式】/【艺术字样式】组中单击"文本填充"按钮 Ａ 右侧的下拉按钮，在弹出的下拉列表的"标准色"栏中选择"深红"选项，如图2-25所示。

图2-24 调整艺术字位置 图2-25 设置艺术字填充颜色

艺术字样式位置

在"艺术字样式"组中，除了可以设置文本填充外，还可以进行文本轮廓和文本效果的设置，其主要作用是为文本添加更多美观特殊的样式，以达到美化文档的目的。

2.2.2 设置文本框

在文档中，文本框其实是一种特殊的形状，利用文本框可以设计出较为特殊的文档版式。为了使文本框的效果更符合用户的需求，还可设置文本框格式，如设置文本框的形状样式，设置文本框中文本内容的格式等，其具体操作如下。

微课视频

设置文本框

（1）在【插入】/【文本】组中单击"文本框"按钮，在弹出的下拉列表中选择"绘制文本框"选项。

（2）此时鼠标光标将变成＋形状，按住鼠标左键不放并拖曳鼠标绘制文本框，然后在其中输入"文字素材.txt"中的文本内容，如图2-26所示。

（3）选择文本框中的文本内容，单击鼠标右键，在弹出的浮动工具栏中设置字符格式为"方正兰亭粗黑简体、小三"；接着在【绘图工具 格式】/【形状样式】组中单击"形状填充"按钮右侧的下拉按钮，在弹出的下拉列表中选择"无填充颜色"选项，如图2-27所示。

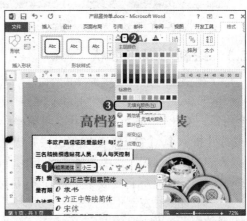

图2-26 插入文本框并输入文本 图2-27 设置字符格式和形状样式

（4）在【绘图工具 格式】/【形状样式】组中单击"形状轮廓"按钮◿右侧的下拉按钮，在弹出的下拉列表中选择"无轮廓"选项，如图2-28所示。

（5）在【绘图工具 格式】/【艺术字样式】组中单击"其他"按钮◲，在弹出的下拉列表中选择"填充-蓝色，着色1，阴影"选项，如图2-29所示。

图2-28　设置文本框的形状轮廓

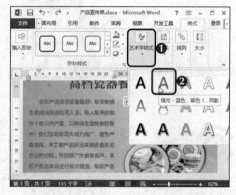

图2-29　设置文本框字体的艺术字样式

（6）在"艺术字样式"组中单击"文本填充"按钮▲右侧的下拉按钮，在弹出的下拉列表中选择"蓝色，着色1，深色25%"选项，如图2-30所示。

（7）将"产品特点"及之后的文本剪切，并以源格式粘贴为单独的文本框，调整其大小和位置，效果如图2-31所示。

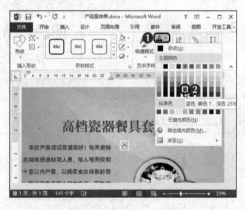

图2-30　设置艺术字文本填充

图2-31　剪切艺术字文本框效果

2.2.3　绘制与编辑形状

形状是指具有某种规则形状的图形，如线条、正方形、椭圆形、箭头、星形等，当需要在文档中绘制图形时或为图片等添加形状标注时都会用到，还可对其进行编辑美化，具体操作如下。

（1）在【插入】/【插图】组中单击"形状"按钮⬚，在弹出的下拉列表的"星与旗帜"栏中选择"爆炸形2"选项。

（2）此时，鼠标光标将变成╋形状，将鼠标光标移动到页面右下角，然后按住鼠标左键不放拖曳鼠标绘制形状，如图2-32所示。

（3）释放鼠标，保持形状的选择状态，在【绘图工具 格式】/【形状样式】组中单击▾按钮，在弹出的下拉列表中选择"细微效果-红色，强调颜色2"选项，如图2-33所示。

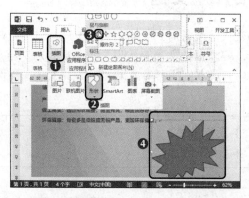

图2-32 绘制形状

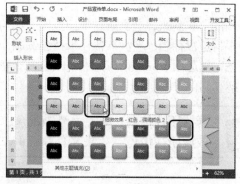

图2-33 设置形状样式

（4）在"形状样式"组中单击"形状效果"按钮，在弹出的下拉列表中选择"预设"选项，在弹出的子列表"预设"栏中选择"预设5"选项，如图2-34所示。

（5）在形状上单击鼠标右键，在弹出的快捷菜单中选择"添加文字"命令，在其中输入文本"限时促销"；使用鼠标拖动选择文本"限时促销"，在【开始】/【字体】组中设置字符格式为"黑体、小初、深红、加粗"，如图2-35所示。

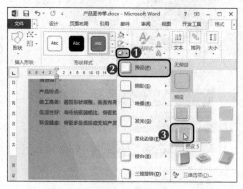

图2-34 设置形状效果样式

图2-35 添加并设置图形文字

（6）在【绘图工具 格式】/【艺术字样式】组中单击"文字效果"按钮，在弹出的下拉列表中选择"阴影"选项，在弹出的子列表"透视"栏中选择"右上对角透视"选项，如图2-36所示。调整其大小和位置后，效果如图2-37所示。

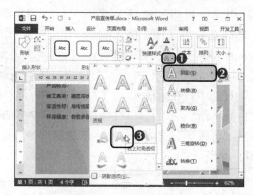

图2-36 设置文字效果

图2-37 产品宣传单效果

2.3 课堂案例：设置"工作报告"文档

新的一年到来，老洪所在部门按照公司的交代，准备对去年的销售情况进行总结，并制作为报告进行存档，老洪准备让米拉尝试制作，要求报告文档简洁明了、直观大方。要完成该任务，需运用Word的图表和SmartArt图形等功能。本例的参考效果如图2-38所示，下面具体讲解其制作方法。

素材所在位置 素材文件\第2章\工作报告.docx
效果所在位置 效果文件\第2章\工作报告.docx

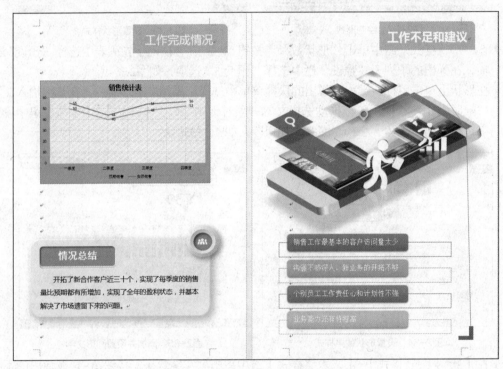

图2-38 "工作报告"文档参考效果

2.3.1 插入与编辑图表

图表是数字值或数据的可视表示，利用表格可将冗长烦杂或不易理解的数据制成图表，供使用者一目了然地查看与阅读。插入图表后，在图表工具的"设计"和"格式"选项卡中可分别对图表进行设置，使插入的图表更加直观，实用性更强，其具体操作如下。

微课视频

插入与编辑图表

（1）将文本插入点定位到"工作完成情况"页面中，在【插入】/【插图】组中单击"图表"按钮 ，如图2-39所示。

（2）打开"插入图表"对话框，在左侧单击"折线图"选项卡，在右侧选择"带数据标记的折线图"选项，单击 按钮，如图2-40所示。

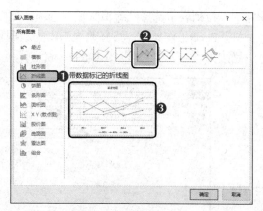

图2-39　单击"图表"按钮　　　　　　图2-40　选择图表类型

（3）在Word页面中创建图表的同时，会自动打开Excel工作界面，使用鼠标左键单击选择所需的单元格，然后在其中输入相应的数据，并拖曳蓝色边框上的控制点，使数据都在边框之内，完成后在Excel工作界面右上角单击✖按钮，如图2-41所示。

（4）返回到文档中可看到插入的图表，选择图表的标题，将其更改为"销售统计表"，如图2-42所示。

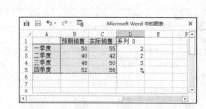
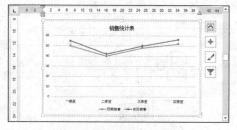

图2-41　在Excel表格中输入数据　　　　图2-42　创建出相应的图表

（5）选择插入的图表，在【图表工具 格式】/【排列】组中单击"自动换行"按钮，在弹出的下拉列表中选择"浮于文字上方"选项，如图2-43所示。

（6）在【图表工具 设计】/【图表布局】组中单击 快速布局 按钮，在弹出的下拉列表中选择"布局9"选项，如图2-44所示。

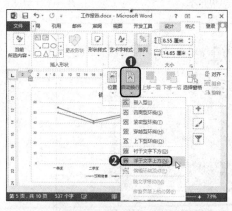
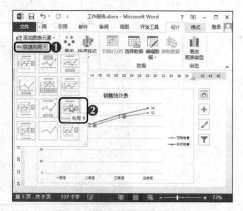

图2-43　调整图表位置　　　　　　　图2-44　快速为图表布局

（7）在【图表工具 设计】/【数据】组中单击"编辑数据"按钮下方的下拉按钮，在弹出的下拉列表中选择"编辑数据"选项，如图2-45所示。

（8）打开Excel工作界面，可修改表格中的数据和内容，这里将二季度和三季度的实际销售分别改为"44"和"54"，如图2-46所示。

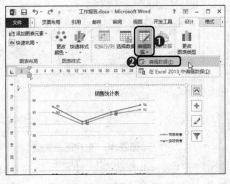
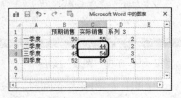

图2-45　选择"编辑数据"选项　　　　　　　图2-46　编辑数据

（9）在【图表工具 设计】/【图表样式】组中单击"快速样式"按钮，在弹出的下拉列表中选择"样式5"选项，如图2-47所示。

（10）在【图表工具 格式】/【形状样式】组中单击 按钮，在弹出的下拉列表中选择"细微效果-红色，强调颜色2"选项，如图2-48所示。

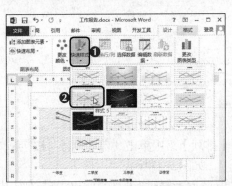
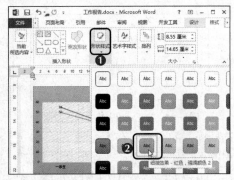

图2-47　快速应用图表样式　　　　　　　　图2-48　设置图表的形状样式

（11）返回文档中可看到完成后的效果，如图2-49所示。

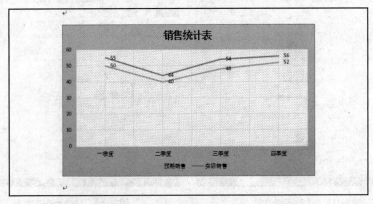

图2-49　查看效果

2.3.2 插入与编辑SmartArt图形

SmartArt图形是为文本设计的信息和观点的可视表现形式。使用它可以使文字之间的关联表示得更加紧密，制作出具有专业水准的图形。插入SmartArt图形后将激活SmartArt工具的"设计"和"格式"选项卡，在这两个选项卡中可编辑SmartArt图形的布局和样式等，其具体操作如下。

（1）将文本插入点定位到"工作不足和建议"页面，在【插入】/【插图】组中单击"SmartArt"按钮 ▤，如图2-50所示。

（2）打开"选择SmartArt图形"对话框，在左侧单击"列表"选项卡，在中间选择"垂直框列表"选项，单击 确定 按钮，如图2-51所示。

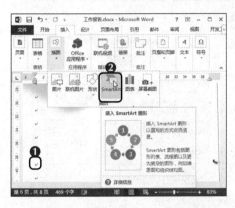

图2-50　单击"SmartArt"按钮　　　　图2-51　选择SmartArt图形

（3）选择插入的图形，在【SmartArt工具 格式】/【排列】组中单击"自动换行"按钮 ▤，在弹出的下拉列表中选择"浮于文字上方"选项，如图2-52所示。

（4）在【SmartArt工具 设计】/【创建图形】组中单击 ☐ 添加形状 按钮右侧的下拉按钮，在弹出的下拉列表中选择"在后面添加形状"选项。

（5）分别在插入的SmartArt图形分支正中单击"[文本]"位置，将文本插入点定位到其中，然后输入图2-53所示的文本。

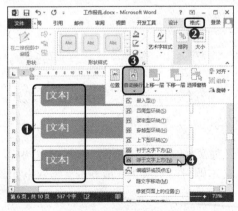

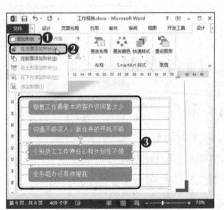

图2-52　调整图形位置　　　　　　　　图2-53　添加SmartArt图形并输入文本

多学一招	输入文本的技巧

在【SmartArt工具 设计】/【创建图形】组中单击 文本窗格 按钮，可展开"在此处键入文字"窗格，在其中的"[文本]"字样分支后可输入相应的文本，完成后按【Enter】键将添加相应的分支。

（6）选择SmartArt图形，在【SmartArt工具 设计】/【SmartArt样式】组中单击"更改颜色"按钮 ，在弹出的下拉列表的"彩色"栏中选择"彩色–着色"选项，如图2-54所示。

（7）在【SmartArt工具 设计】/【SmartArt样式】组中单击"快速样式"按钮 ，在弹出的下拉列表的"文档的最佳匹配对象"栏中选择"强烈效果"选项，如图2-55所示。

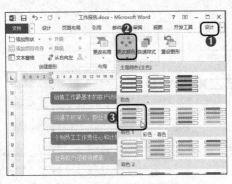

图2-54 更改SmartArt图形颜色

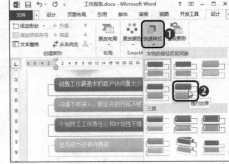

图2-55 快速应用样式

（8）返回文档中可看到完成后的效果，如图2-56所示。

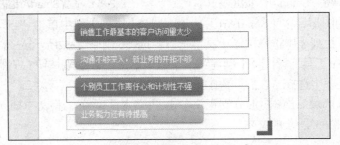

图2-56 查看效果

2.4 项目实训

2.4.1 制作"贺卡"文档

1．实训目标

本实训的目标是制作"贺卡"文档。制作这类文档时，可直接插入一张贺卡图片，然后在其中插入形状和艺术字美化文档，最后输入文本即可。本实训完成后的参考效果如图2-57所示。

素材所在位置 素材文件\第2章\项目实训\生日背景.jpg
效果所在位置 效果文件\第2章\项目实训\贺卡.docx

微课视频

制作"贺卡"文档

图2-57 "贺卡"文档效果

2. 专业背景

在日常办公中少不了交流与合作，公司与公司之间、公司与员工之间和员工与员工之间通常会有一些邀请和祝福，因此，贺卡在办公中有着重要的作用，起到了促进交流与合作、提升关系的作用。标准的贺卡制作尺寸为"146mm×213mm"，四边各含1.5mm出血位；线条设定需不小于0.076mm，颜色设定值不能低于5%，否则印刷将无法显现。

3. 操作思路

完成本实训首先需要新建文档并插入图片，然后在文档中插入艺术字、文本框和形状，最后输入祝福的文本并调整，其操作思路如图2-58所示。

① 新建文档并插入图片　　　　② 插入艺术字与文本框　　　　③ 插入形状

图2-58 "贺卡"文档制作思路

【步骤提示】

（1）新建空白文档，将其以"贺卡"为名进行保存，然后插入图片"生日背景.jpg"。

（2）插入艺术字样式"填充-白色，轮廓-着色2，清晰阴影-着色2"，并输入文本内容"生日快乐"。

（3）移动艺术字至合适位置，设置其字体为"方正粗活意简体"，并将其文本转换效果设置为"双波形2"。

（4）绘制文本框并输入文本，选择文本框中的文本内容，将其字符格式设置为"方正兰亭粗黑简体、三号、红色"，并清除文本框的边框和底纹。

（5）绘制"心形"形状，设置其形状样式为"强烈效果-橙色，强调颜色2"，将形状颜色填充为"深红"色，并将其移动至文本"生日快乐"位置，调整它们之间的位置，使形状置于文字下方。

（6）保存文件至合适的位置，完成文档的制作。

2.4.2 制作"产品介绍单"文档

1. 实训目标

本实训的目标是制作产品介绍单文档，需要在文档中插入图片美化文档，插入艺术字显示产品名称，插入文本框描述产品特点，插入SmartArt图形说明产品功能。本实训完成后的参考效果如图2-59所示。

素材所在位置　素材文件\第2章\项目实训\背景图片.jpg
效果所在位置　效果文件\第2章\项目实训\产品介绍单.docx

图2-59 　"产品介绍单"文档效果

2. 专业背景

产品介绍单是将产品和活动信息传播出去的一种广告形式，其作用是将产品的相关信息利用图形和文字等视觉元素有效地传达给消费者，引导客户消费，促进产品的销售。在制作这类文档时，需以最简单明了的语言让对方清楚地了解产品名称、产品特点、产品功能等，同时，要展示产品的亮点吸引顾客。

3. 操作思路

若完成本实训，需要在文档中插入图片、艺术字、文本框、SmartArt图形等元素美化文档，其操作思路如图2-60所示。

① 插入图片　　　　　② 插入并编辑艺术字和文本框　　　③ 插入并编辑SmartArt图形

图2-60 　"产品介绍单"文档的制作思路

【步骤提示】

（1）新建空白文档，将其以"产品介绍单.docx"为名进行保存，然后插入素材"背景图片.jpg"。

（2）插入"填充–蓝色，着色1，轮廓–背景1，清晰阴影–着色1"效果的艺术字，并输入文本，设置艺术字文本填充为"深红"，然后转换艺术字的文字效果为"朝鲜鼓"，并调整艺术字的位置与大小。

（3）插入文本框并输入文本，在其中设置文本的项目符号，然后设置形状填充为"无填充颜色"，形状轮廓为"无轮廓"，设置文本的艺术字样式并调整文本框位置。

（4）插入"随机至结果流程"效果的SmartArt图形，设置图形的排列位置为自动换行到"浮于文字上方"，然后在SmartArt图形窗格的左侧单击 按钮，在展开的"在此处键入文字"窗格中添加和删除图形分支，并分别输入相应的文本，完成后更改SmartArt样式的颜色和样式，并调整图形位置与大小。

（5）保存文件至合适的位置，完成文档的制作。

2.5 课后练习

本章主要介绍了在文档中插入并编辑不同的元素进行图文混排的相关知识，如表格、图片、艺术字、图表、SmartArt图形等，读者应加强该部分内容的练习与应用。

练习1：制作"环境保护宣传海报"文档

创建"环境保护宣传海报.docx"文档，在其中插入图片、剪贴画、艺术字、文本框等元素，将其编辑并美化。参考效果如图2-61所示。

素材所在位置 素材文件\第2章\课后练习\图片.jpg
效果所在位置 效果文件\第2章\课后练习\环境保护宣传海报.docx

要求操作如下。

● 将新建的空白文档以"环境保护宣传海报.docx"为名进行保存，然后插入图片。
● 分别插入并编辑艺术字、图片、文本框，完成后依次调整相应的位置与大小。

图2-61 "环境保护宣传海报"文档效果

练习2：编辑"销售分析报告"文档

创建"销售分析报告.docx"文档，在其中插入表格和图表，将其编辑并美化。参考效果如图2-62所示。

效果所在位置 效果文件\第2章\课后练习\销售分析报告.docx

要求操作如下。

- 创建"销售分析报告.docx"文档，在其中输入并编辑文本，然后插入并编辑表格和表格内容。
- 在文档中插入"三维簇状柱形图"图表，然后在打开的Excel工作界面中输入并编辑相关数据，完成后在图表工具中设置图表布局、快速样式和形状样式等。

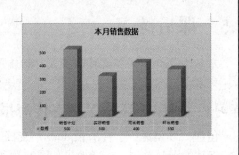

图2-62　"销售分析报告"文档效果

2.6　技巧提升

1．为普通文本设置艺术字

在正文中插入艺术字时，其顺序为先选择艺术字样式，再在艺术字文本框中输入文本内容。若需将现有的文本转换为艺术字，则操作方法为：使用鼠标选择要转化为艺术字的文本内容，然后在【插入】/【文本】组中单击"艺术字"按钮 **A**，选择需要的艺术字样式，即可将选中的文本转换为艺术字。

2．制作斜线表头的技巧

在实际应用中要制作出不规则的行列数表格和带有斜线头的表格，可以通过【表格工具设计】/【边框】组中的"边框"按钮 进行设置。若要添加多条斜线表头，则可以通过手动绘制表格的方法来绘制，也可以使用插入形状中直线的方式进行制作。

CHAPTER 3

第 3 章
Word 文档排版与审校

情景导入

米拉在掌握了Word 2013文档的创建和编辑，以及图片、表格和图表等元素的应用后，老洪决定让米拉尝试文档的排版与审校工作，制作一些办公中常用的文档。

学习目标

● 掌握制作"公司简介"文档的方法。

　　如设置主题和样式、分栏排版、页面背景、页面大小和页边距等。

● 掌握制作"行业策划书"文档的方法。

　　如创建封面、添加题注、脚注和尾注、页眉与页脚、目录与索引、水印、插入分页符与分节符等。

● 掌握制作"产品代理协议"文档的方法。

　　如使用大纲视图查看文档结构、拼写与语法检查、统计文档字数、添加批注与书签、合并与修订文档、预览并打印文档等。

案例展示

▲ "公司简介"文档　　　　▲ "行业策划书"文档

3.1 课堂案例：制作“公司简介”文档

老洪告诉米拉，要制作一个完整的文档，还需对文档进行各种美化和审校，完善文档内容，如设置主题和样式、分栏排版、页面背景、页面大小和页边距等。本例将制作“公司简介.docx”文档，完成后的参考效果如图3-1所示，下面具体讲解其制作方法。

素材所在位置 素材文件\第3章\公司简介.docx
效果所在位置 效果文件\第3章\公司简介.docx

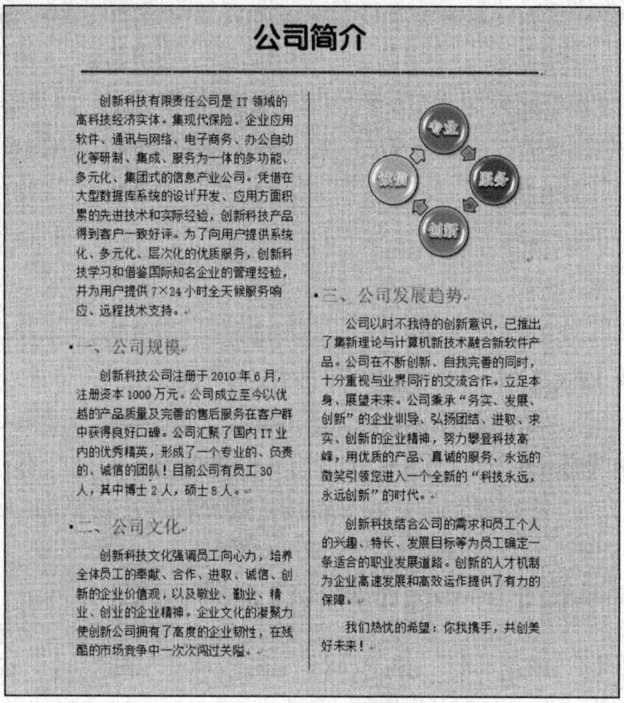

公司简介

创新科技有限责任公司是 IT 领域的高科技经济实体。集现代保险、企业应用软件、通讯与网络、电子商务、办公自动化等研制、集成、服务为一体的多功能、多元化、集团式的信息产业公司。凭借在大型数据库系统的设计开发、应用方面积累的先进技术和实际经验，创新科技产品得到客户一致好评。为了向用户提供系统化、多元化、层次化的优质服务，创新科技学习和借鉴国际知名企业的管理经验，并为用户提供 7×24 小时全天候服务响应、远程技术支持。

一、公司规模

创新科技公司注册于 2010 年 6 月，注册资本 1000 万元。公司成立至今以优越的产品质量及完善的售后服务在客户群中获得良好口碑。公司汇聚了国内 IT 业内的优秀精英，形成了一个专业的、负责的、诚信的团队！目前公司有员工 30 人，其中博士 2 人，硕士 8 人。

二、公司文化

创新科技文化强调员工向心力，培养全体员工的奉献、合作、进取、诚信、创新的企业价值观，以及敬业、勤业、精业、创业的企业精神。企业文化的凝聚力使创新公司拥有了高度的企业韧性，在残酷的市场竞争中一次次闯过关隘。

三、公司发展趋势

公司以时不我待的创新意识，已推出了集新理论与计算机新技术融合新软件产品。公司在不断创新、自我完善的同时，十分重视与业界同行的交流合作。立足本身、展望未来。公司秉承“务实、发展、创新”的企业训导、弘扬团结、进取、求实、创新的企业精神，努力攀登科技高峰，用优质的产品、真诚的服务、永远的微笑引领您进入一个全新的“科技永远，永远创新”的时代。

创新科技结合公司的需求和员工个人的兴趣、特长、发展目标等为员工确定一条适合的职业发展道路。创新的人才机制为企业高速发展和高效运作提供了有力的保障。

我们热忱的希望：你我携手，共创美好未来！

图3-1 “公司简介”文档参考效果

3.1.1 设置主题和样式

Word 2013提供了主题库和样式库，其中包含了预先设置的各种主题和样式，使用这些主题和样式可快速为文档设置相应的格式。

1. 应用主题

当需要对文档中的颜色、字体、格式、整体效果保持某一主题样式时，可将所需的主题应用于整个文档，其具体操作如下。

微课视频
应用主题

（1）打开素材文档“公司简介.docx”，在【设计】/【文档格式】组中单击“主题”按钮，在弹出的下拉列表中选择“回顾”选项。

（2）继续在【文档格式】组中单击“样式集”按钮，在弹出的下拉列表的“内置”栏中选择“基本（典雅型）”选项，完成后查看设置效果，如图3-2所示。

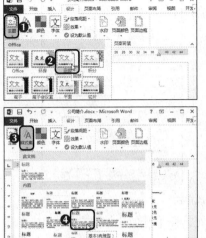

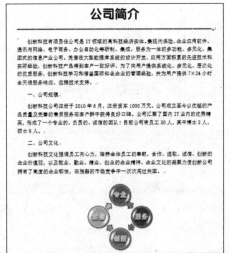

图3-2　应用主题

2．应用并修改样式

样式即文本字体格式和段落格式等特性的组合。在排版中应用样式可提高工作效率，用户不必反复设置相同的文本格式，只需设置一次样式即可将其应用到其他相同格式的所有文本中，其具体操作如下。

（1）将鼠标光标定位到"一、公司规模"文本中，在【开始】/【样式】组中单击"样式"按钮 ⚡，在弹出的下拉列表中选择"创建样式"选项，如图3-3所示。

（2）打开"根据格式设置创建新样式"对话框，在"名称"文本框中输入新建样式的名称，如果直接单击 确定 按钮，此时新建的样式与鼠标定位时所处位置的文本样式一致，这里单击 修改(M)... 按钮，如图3-4所示。

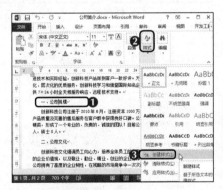

图3-3　应用样式

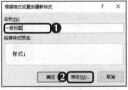

图3-4　选择修改

（3）打开"根据格式设置创建新样式"对话框，在"格式"栏中将字体设置为"宋体（中文标题）"，字号设置为"三号"，颜色设置为"橙色，着色1，深色50%"，然后单击 格式(O)▾ 按钮，在弹出的下拉列表中选择"段落"选项。

（4）打开"段落"对话框，在"间距"栏中将"段前"间距设置为"6磅"，"段后"间距设置为"2磅"，在"缩进"栏中的"特殊格式"下拉列表中选择"无"选项，连续单击 确定 按钮，完成样式的修改，如图3-5所示。

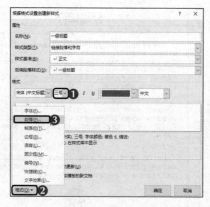

图3-5　修改样式

（5）将鼠标光标定位到"二、公司文化"文本处，在【开始】/【样式】组中单击"样式"按钮 ❖，在弹出的下拉列表中可看到创建的名为"一级标题"的样式，选择"一级标题"选项，为其应用创建的样式，同时为"三、公司发展趋势"应用该样式。

3.1.2　设置分栏排版

分栏排版是一种新闻样式的排版方式，它被广泛应用于报纸、杂志、图书和广告单等印刷品中。使用分栏排版功能可以制作出别具特色的文档版面，使整个页面更具观赏性，其具体操作如下。

（1）在文档中选择公司简介的正文内容，在【页面布局】/【页面设置】组中单击 ≡ 分栏· 按钮，在弹出的下拉列表中选择"更多分栏"选项，打开"分栏"对话框，在"预设"栏中选择"两栏"选项，单击选中"分隔线"复选框，单击 确定 按钮。

（2）返回文档中可看到所选的文本内容以两栏显示，如图3-6所示。

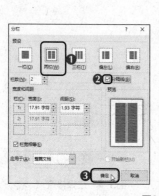

图3-6　设置分栏排版

3.1.3　设置页面背景

为了使Word文档看上去更美观，可设置页面背景来修饰文档。设置页面背景时，不仅可以应用不同的颜色、喜欢的图片作为背景，还可以应用水印背景，并设置页面边框，其具体操作如下。

（1）在【设计】/【页面背景】组中单击 页面颜色· 按钮，在弹出的下拉列表中选择"填充效
　　　果"选项。
（2）打开"填充效果"对话框，单击"纹理"选项卡，在"纹理"下拉列表框中选择"画
　　　布"选项，单击 确定 按钮，如图3-7所示。

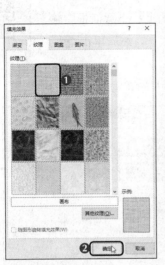

图3-7　设置页面背景

3.1.4　设置页面大小

　　　在Word 2013中，新建文档的页面大小为A4（21厘米×29.7厘
米），也可以根据文档内容的需要自定义页面大小，其具体操作
如下。

微课视频
设置页面大小

（1）按【Ctrl+A】组合键全选文本，在【页面布局】/【页面设置】
　　　组中单击 纸张大小· 按钮，在弹出的下拉列表中选择"其他页面大
　　　小"选项，如图3-8所示。
（2）打开"页面设置"对话框，在"纸张大小"栏中的"高度"数值框中输入"27厘米"，
　　　然后单击 确定 按钮，如图3-9所示。

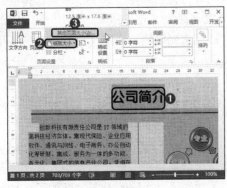
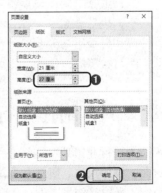

图3-8　选择自定义设置页面　　　　　　图3-9　设置高度

3.1.5　设置页边距

页边距是指页面中文字与页面上下左右边线的距离，且在页面的四个角上有」之类的符号，它表示文字的边界。设置页面边距的具体操作如下。

（1）在【页面布局】/【页面设置】组中单击"页边距"按钮，在弹出的下拉列表中选择"自定义边距"选项。

（2）打开"页面设置"对话框，在"页边距"栏的上、下数值框中输入"2厘米"，在左、右数值框中输入"3厘米"，然后单击确定按钮，如图3-10所示。

（3）返回文档中可查看完成制作后的效果，如图3-11所示。

图3-10　设置页边距

图3-11　完成后的效果

在"页面设置"对话框设置页面

　　在"页面设置"组中单击"对话框启动器"按钮，在打开的"页面设置"对话框的"页边距"选项卡中可设置页面文字与上下左右边线的距离、纸张方向以及页码范围等；在"纸张"选项卡中可选择固定的纸张大小，也可自定义纸张的宽度与高度；在"版式"选项卡中可设置页眉/页脚和分页符与分节符等；在"文档网格"选项卡中可设置文字排列方向、字符数等。

3.2　课堂案例：制作"行业策划"文档

　　老洪让米拉为"行业策划"文档进行插入封面、提取目录等美化处理。要完成该任务，需用到创建封面，添加题注、脚注和尾注、页眉与页脚、目录与索引、水印以及插入分页符与分节符等操作。米拉略作思考便开始动手制作了。本例的参考效果如图3-12所示，下面具体讲解其制作方法。

素材所在位置	素材文件\第3章\行业策划书.docx
效果所在位置	效果文件\第3章\行业策划书.docx

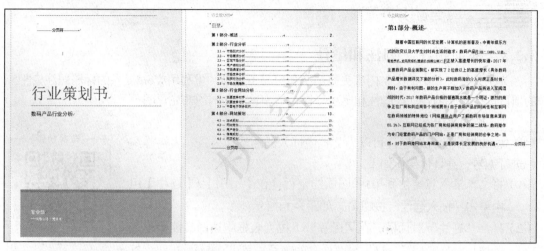

图 3-12 "行业策划书"文档参考效果

3.2.1 创建封面

在编排如员工手册、报告、论文等长文档时，在文档的首页设置一个封面非常有必要。用户可利用Word提供的封面库来插入精美的封面，其具体操作如下。

微课视频

创建封面

（1）打开素材文档"行业策划.docx"，在【插入】/【页面】组中单击"封面"按钮 📄 ，在弹出的下拉列表的"内置"栏中选择"怀旧"选项。

（2）在文档的第1页插入封面，然后在键入文档标题、副标题、作者、公司名称、地址模块中输入相应的文本，如图3-13所示。

图3-13 创建封面

删除封面

若对文档中插入的封面效果不满意需要删除当前封面，则可在【插入】/【页】组中单击"封面"按钮📄，在弹出的下拉列表中选择"删除当前封面"选项。

3.2.2 添加题注、脚注和尾注

为了使长文档中的文本内容更有层次和更易于管理，可利用Word提供的标题题注为相应的项目进行顺序编号。而脚注和尾注一样，是一种对文本的补充说明。

1. 添加题注

Word提供的标题题注可以为文档中插入的图形、公式、表格等统一进行编号，其具体操作如下。

（1）将文本插入点定位到第1张图后的空行，在【引用】/【题注】组中单击"插入题注"按钮📷，如图3-14所示。

（2）打开"题注"对话框，在"标签"下拉列表框中选择最能恰当地描述该对象的标签，这里没有适合的标签，单击 新建标签(N)... 按钮。打开"新建标签"对话框，在"标签"文本框中输入标签"图"，单击 确定 按钮，如图3-15所示。

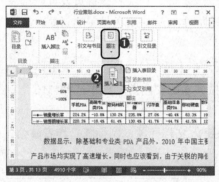

图 3-14 选择插入题注

图 3-15 新建标签

（3）返回"题注"对话框，在"题注"文本框中输入要显示在标签之后的任意文本，这里保持默认设置，然后单击 确定 按钮插入题注，效果如图3-16所示。

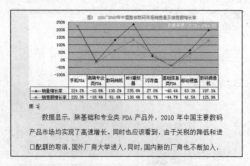

图3-16 题注插入效果

2．添加脚注

脚注一般位于页面的底部，可以作为文档某处内容的注释，其具体操作如下。

微课视频

添加脚注

（1）将文本插入点定位到需设置脚注的文本内容后，这里定位到图1后的文本"PDA"后，在【引用】/【脚注】组中单击"插入脚注"按钮 AB¹。

（2）此时，系统自动将鼠标光标定位到该页的左下角，在其后输入相应内容，如图3-17所示，完成后在文档任意位置单击，退出脚注编辑状态。

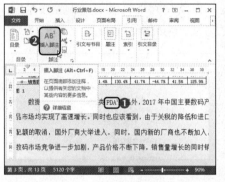
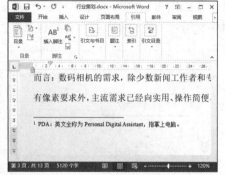

图3-17　添加脚注

3．添加尾注

尾注一般位于文档的末尾，起到列出引文出处等作用，其具体操作如下。

微课视频

添加尾注

（1）将文本插入点定位到"2.1 市场现状分析"后的文本"赛迪顾问股份有限公司"后，在【引用】/【脚注】组中单击"插入尾注"按钮 。

（2）此时，系统自动将鼠标光标定位到文档末尾的左下角，在其后输入相应内容，如图3-18所示，完成后在文档任意位置单击，退出尾注编辑状态。

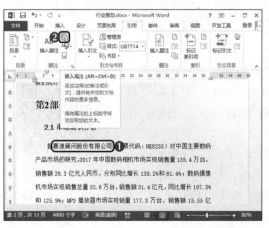

图3-18　添加尾注

3.2.3　插入分页符与分节符

默认情况下在输入完一页文本内容后，Word将自动分页，但一些特殊文档中需要在指定位置处分页或分节，此时就需插入分页符或分节符。插入分页符的方法与插入分节符的方法相同，其具体操作如下。

（1）在文档中将文本插入点定位到需要设置新页的起始位置，这里定位到"第2部分 行业分析"文本的上一段末，然后在【页面布局】/【页面设置】组中单击"分隔符"按钮 ，在弹出的下拉列表的"分页符"栏中选择"分页符"选项。

（2）返回文档中可看到插入分页符后正文内容自动跳到下页显示，删除多余的一行，如图3-19所示。使用插入分页符与分节符的方法，为剩余部分设置分页符。

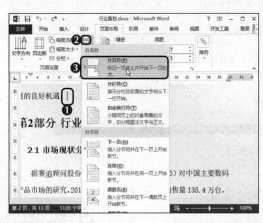
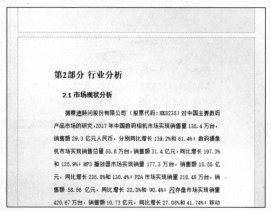

图3-19　插入分页符与分节符

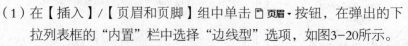

分页符与分节符的区别

　　分页符是将前后的内容隔开到不同的页面，分节符是将不同的内容分割到不同的节。一页可以包含很多节，一节也可以包含很多页。

　　分页符仅仅分页，还是算作同一节。分节符就是分成两个节，读者可以针对这两个节设置不同的页面设置和页眉页脚等内容。

3.2.4　添加页眉与页脚

为了使页面更美观和便于阅读，许多文档都添加了页眉和页脚。页眉和页脚位于文档中每个页面页边距的顶部和底部区域。在编辑文档时，可在页眉和页脚中插入文本或图形，如页码、公司徽标、日期、作者名等，其具体操作如下。

（1）在【插入】/【页眉和页脚】组中单击 页眉 按钮，在弹出的下拉列表框的"内置"栏中选择"边线型"选项，如图3-20所示。

（2）此时，在页眉区将自动插入文档标题，然后在【页眉和页脚工具 设计】/【页眉和页脚】组中单击 页脚 按钮，在弹出的下拉列表中选择"内置"栏中的"边线型"选项，如图3-21所示。

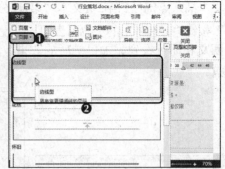

图3-20 添加页眉　　　　　　　　　　　　图3-21 添加页脚

（3）光标自动插入到页脚区，在【插入】/【页眉和页脚】组中点击"页码"按钮，在弹出的下拉列表中选择"设置页码格式"选项。打开"页码格式"对话框，保持默认设置，单击按钮，插入页码，在【页眉和页脚工具 设计】选项卡中单击"关闭页眉和页脚"按钮，退出页眉和页脚视图，返回文档可看到设置页眉和页脚后的效果，如图3-22所示。

图3-22 设置页眉页脚及其效果

编辑页眉页脚

　　在"插入"选项卡的"页眉和页脚"组中单击 页眉 或 页脚 按钮，在弹出的下拉列表中选择"编辑页眉"或"编辑页脚"选项，将显示出页眉和页脚工具的"设计"选项卡，在"页眉和页脚"组中也可设计页眉、页脚、页码格式，在"插入"组中可为页眉和页脚插入日期和时间、图片、剪贴画等对象。

3.2.5　添加目录与索引

　　为了方便在长文档中查询某一部分的内容，可通过创建目录与索引来纵览全文结构和管理文档内容。

1. 添加目录

　　Word提供了一个具有多种目录样式的样式库，且在目录中包含了标题和页码。在创建目录前，首先需标记目录项，这样选择所需的目录样式后系统将自动根据所标记的标题创建目录，其具体操作如下。

微课视频

添加目录

（1）将文本插入点定位到第2页文本"第1部分"上，再在【引用】/【目录】组中单击"目录"按钮，在弹出的下拉列表的"内置"栏中选择目录样式"自动目录1"选项。

（2）返回文档即可看到添加目录后的效果，如图3-23所示，并使用分页符制作成单独目录页。

图3-23　添加目录及其效果

2．添加索引

索引是一种常见的文档注释。标记索引项本质上是插入了一个隐藏的代码，便于用户查询，其具体操作如下。

微课视频

添加索引

（1）将文本插入点定位到图3-24所示的位置，在【引用】/【索引】组中单击"标记索引项"按钮。打开"标记索引项"对话框，在"主索引项"文本框中输入注释内容，单击 标记(M) 按钮，如图3-25所示。

（2）单击 关闭 按钮关闭"标记索引项"对话框，返回文档中可看到标记的注释项，其索引样式为{ XE "主索引项" }。

图3-24　定位插入点、选择命令　　　图3-25　标记索引内容

3.2.6　添加水印

在办公中经常会制作一些机密文件，而为文档添加水印可以标明文档性质，起到提示作

用。设置水印的方式和设置背景颜色类似，其具体操作如下。

（1）在【设计】/【页面背景】组中单击 水印 ▾ 按钮，在弹出的下拉
列表框的"机密"栏中选择"机密1"选项。
（2）此时，页面背景中显示的效果如图3-26所示。

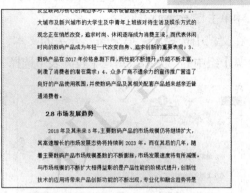

图3-26　添加水印

3.3　课堂案例：制作"产品代理协议"文档

公司签署了一份"产品代理协议"，老洪让米拉对该文档进行审校处理，解决文档中的问题，完善文档内容，并打印出来供查看。要完成该任务，需用到使用大纲视图查看文档结构、拼写和语法检查、统计文档字数、添加批注与书签、合并与修订文档、预览并打印文档等操作。本例的参考效果如图3-27所示，下面具体讲解其制作方法。

素材所在位置　素材文件\第3章\产品代理协议.docx、产品代理协议1.docx
效果所在位置　效果文件\第3章\产品代理协议.docx、产品代理协议1.docx

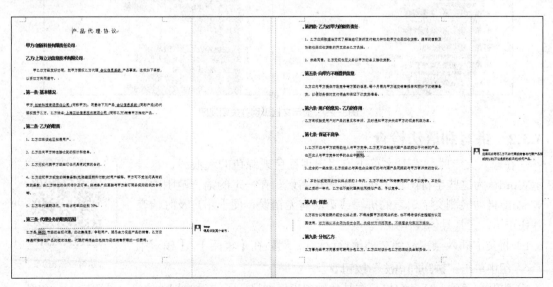

图 3-27　"产品代理协议"文档参考效果

3.3.1 使用大纲视图查看文档结构

大纲视图就是将文档的标题进行缩进，以不同的级别展示标题在文档中的结构。当一篇文档过长时，可使用Word提供的大纲视图来帮助组织并管理，其具体操作如下。

微课视频

使用大纲视图
查看文档结构

（1）打开素材文档"产品代理协议.docx"，在【视图】/【视图】组中单击 大纲视图 按钮。

（2）在文档中选择以"第*条"开头的文本，在【大纲】/【大纲工具】组中的"大纲级别"下拉列表中选择"2级"选项，如图3-28所示。

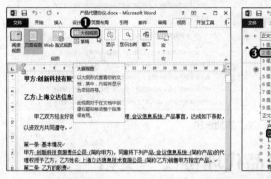

图3-28 用大纲视图设置文档级别

（3）在"大纲"选项卡的"大纲工具"组的"显示级别"下拉列表框中选择"2级"选项显示文档级别。在"大纲"选项卡的"关闭"组中单击"关闭大纲视图"按钮 ，如图3-29所示。

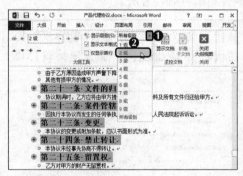

图3-29 显示文档级别并关闭视图

3.3.2 拼写和语法检查

在输入文字时，有时字符下方将出现红色或绿色的波浪线，这表示Word认为这些字符出现了拼写或语法错误。在一定的语言范围内，Word能自动检测文字语言的拼写或语法有无错误，便于用户及时检查并纠正错误，其具体操作如下。

微课视频

拼写与语法检查

（1）将文本插入点定位到文档第1行行首，然后在【审阅】/【校对】组中单击"拼写和语法"按钮 。

（2）打开"语法"任务窗格，在其中的列表框中显示了错误的相关信息，若确定上一个显示错误的语法无需修改后可单击 忽略(I) 按钮，忽略上一个语法错误并自动显示下一个语法错误，如图3-30所示。

图3-30　查看拼写和语法检查结果

（3）当需要修改显示的语法错误时，可在文档页面中将其修改为正确的语法，这里在显示的红色"佣"字后输入"金"字。

（4）当文档中没有错误后，将打开提示对话框提示完成检查，然后单击 确定 按钮完成拼写和语法检查，如图3-31所示。

图3-31　修改拼写和语法错误

3.3.3　统计文档字数

在做论文或写报告时常常有字数要求，但这类文档通常是长文档，要手动统计文档字数显得非常麻烦。此时可利用Word提供的字数统计功能，使用户方便地对文章、某一页、某一段进行字数统计，其具体操作如下。

（1）在【审阅】/【校对】组中单击"字数统计"按钮 ABC 。

（2）打开"字数统计"对话框，在其中可以看到文档的统计信息，如页数、字数、字符数等，完成后单击 关闭 按钮，如图3-32所示。

微课视频

统计文档字数

图3-32　统计文档字数

3.3.4 添加批注与书签

在文档中使用书签可以快速查找重要的文档内容；而使用批注可以对文档内容进行标注，用于讲解文档中存在的一些问题。

1. 添加批注

批注是指阅读文档时在文中空白处对文章进行批评和注解。当需要在文档中对某处进行补充说明或提出建议时，即可在该位置处添加批注，其具体操作如下。

（1）选择要添加批注的"华北"文本，在【审阅】/【批注】组中单击"新建批注"按钮 。

（2）在文档中插入批注框，然后在批注框中输入所需的内容，完成后的效果如图3-33所示。

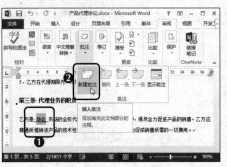 

图3-33　添加批注

（3）将文本插入点定位到"第七条 保证不竞争"文本的下一段的段末，然后单击"新建批注"按钮 ，插入批注框，并在批注框中输入所需的内容。

（4）在"修订"组中单击 显示标记 按钮，在弹出的下拉列表的"批注"选项前若有 √ 图标，则表示显示批注，这里可选择该命令隐藏批注，如图3-34所示。

图3-34　添加并隐藏批注

2. 添加书签

书签是用来帮助记录位置而插入的一种符号，使用它可迅速找到目标位置。在编辑长文档时，如果利用手动滚屏查找目标位置，则需要很长的时间，此时可利用书签功能快速锁定到特定位置，其具体操作如下。

（1）选择要插入书签的内容，这里选择佣金计算方式的公式文本，然后在【插入】/【链接】组中单击"书签"按钮🔖。

微课视频

添加书签

（2）打开"书签"对话框，在"书签名"文本框中输入"佣金计算方式"，定义书签名，并单击选中"隐藏书签"复选框，然后单击 添加(A) 按钮，即可在文档中插入名为"佣金计算方式"的书签，如图3-35所示。

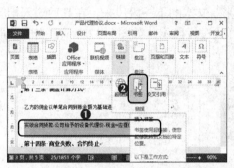

图3-35 添加书签

（3）将鼠标光标定位在文档的任意位置，在"链接"组中单击"书签"按钮🔖，在打开的对话框的"书签名"列表框中选择要定位的书签"佣金计算方式"，单击 定位(G) 按钮，完成后单击 关闭 按钮。

（4）在文档中将快速定位到书签所在的位置，如图3-36所示。

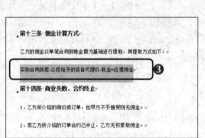

图3-36 定位书签

其他书签定位方法

在"查找和替换"对话框中单击"定位"选项卡，在"定位目标"列表框中选择"书签"选项，在"请输入书签名称"下拉列表框中选择书签名称，完成后单击 定位(T) 按钮，也可快速定位到相应的书签位置。

3.3.5 合并与修订文档

合并与修订文档主要来展示文档在修改前与修改后的对比，并将多种修改合并到一个文档中进行。

1. 修订文档

在对Word文档进行修订时，为了方便其他用户或原作者知道文档所做的修改，可先设置修订标记来记录对文档的修改，然后再进入修订状态对文档进行修改操作，完成后即可以修订标记来显示所做的修改，其具体操作如下。

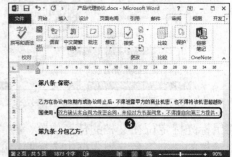
微课视频
修订文档

（1）在【审阅】/【修订】组中单击"修订"按钮下方的 · 按钮，在弹出的下拉列表中选择"修订"选项。

（2）将文本插入点定位到"第八条 保密"文本的下一段段末，在其后输入相应的内容，输入的内容将根据设置的修订标记样式进行显示，如图3-37所示，完成后再次单击"修订"按钮退出修订状态。

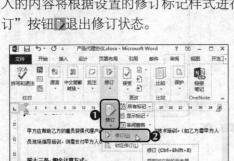

图3-37 修订文档

多学一招

接受和拒绝所有修订

在【审阅】/【更改】组中单击"接受"按钮或"拒绝"按钮，可接受或拒绝当前修订；若分别单击这两个按钮下方的 · 按钮，在弹出的下拉列表中选择"接受所有修订"选项或"拒绝所有修订"选项，可接受或拒绝全部修订。

2. 合并文档

为了使查看文档更加方便，减少打开多个文档的重复操作，可利用Word提供的合并文档功能将多个文件的修订记录全部合并到同一文件中，其具体操作如下。

微课视频
合并文档

（1）在【审阅】/【比较】组中单击"比较"按钮，在弹出的下拉列表中选择"合并"选项。

（2）打开"合并文档"对话框，在"原文档"下拉列表框后单击浏览按钮，在打开的对话框中选择素材文件中的"产品代理协议1.docx"文档，然后在"修订的文档"下拉列表框后单击浏览按钮，在打开的对话框中选择效果文件中的"产品代理协议.docx"文档，完成后单击 按钮。

（3）系统将其他文档的修订记录逐一合并到新建的名为"合并结果1"的文档，在其中用户可继续编辑并同时查看所有修改意见，如图3-38所示，完成后将该文档以"产品代理协议1"为名另存到效果文件中。

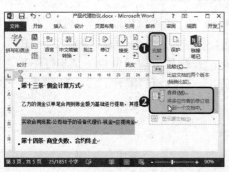
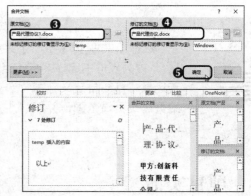

图3-38　合并文档

3.3.6　预览并打印文档

在文档中对文本内容编辑完成后可将其打印出来，即把制作的文档内容输出到纸张上。但是为了使输出的文档内容效果更真实，及时发现文档中隐含的错误排版样式，可在打印文档前预览打印效果，其具体操作如下。

微课视频

预览并打印文档

（1）选择【文件】/【打印】菜单命令，在右侧预览打印效果。

（2）对预览效果满意后，在"打印机"栏选择打印机。

设置打印机属性

图3-39所示打印机为计算机安装好打印机软件后默认的打印机，若没有安装打印机，则显示Word默认的打印机。单击"打印机属性"链接，可设置打印机打印属性，不同的打印机有不同的属性设置界面，但功能大致都是对纸张大小、方向和纸张类型的设置。

（3）在"设置"栏中可设置打印的范围、单双面打印、打印顺序、打印方向以及页面大小和页面边距，这里保持默认即可。

（4）在中间的"打印"栏的"份数"数值框中设置打印份数，然后单击"打印"按钮 🖶 开始打印，如图3-39所示。

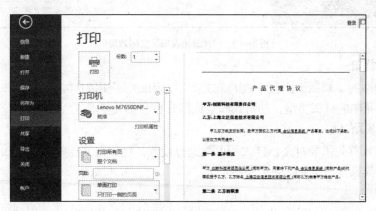

图3-39　预览并打印文档

多学一招	设置打印范围

　　选择【文件】/【打印】菜单命令，在窗口中间的"设置"栏下的第1个下拉列表框中选择"打印当前页面"选项，将只打印光标所在的页；若选择"打印自定义范围"选项，并在其下的"页数"文本框中输入起始页码或页面范围，并以"，"或"-"分隔号隔开，可只打印指定范围内的页。

3.4　项目实训

3.4.1　编排"代理协议书"文档

微课视频

编排"代理协议书"文档

1. 实训目标

　　本实训的目标是制作一个"代理协议书"文档，要求使用样式、封面和目录等排版文档。本实训完成后的参考效果如图3-40所示。

素材所在位置　素材文件\第3章\项目实训\代理协议书.docx
效果所在位置　效果文件\第3章\项目实训\代理协议书.docx

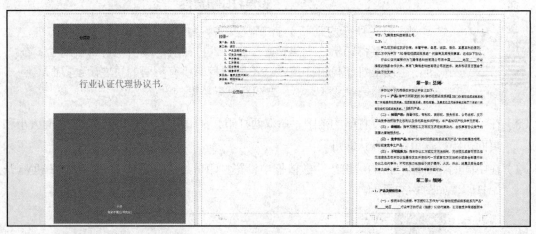

图3-40　"代理协议书"文档效果

2. 专业背景

　　协议书类型的文档属于比较正式的公文类型，因此，应用的样式、封面和目录要简洁明了，不需要用花哨的样式类型，其格式和组成部分也有相关要求。

3. 操作思路

　　完成本实训首先需要对文档样式和页面进行设置，然后在文档中添加封面、目录和页眉页脚等即可，其操作思路如图3-41所示。

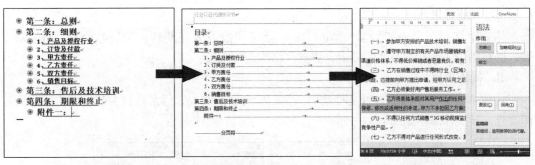

| ① 使用大纲视图查看文档 | ② 设置页眉与页脚，并添加目录 | ③ 检查拼写和语法错误 |

图3-41 "代理协议书"文档制作思路

【步骤提示】

（1）打开素材文档"代理协议书.docx"，在首页插入"镶边"封面，为"第一条""第二条"……文本应用"标题"样式，使用大纲视图设置"1、产品及授权行业""2、订货及付款"……为2级级别。

（2）分别插入"奥斯汀"页眉和页脚，然后在文档标题前插入"自动目录1"目录样式，并在插入的目录后插入分页符。

（3）将文本插入点定位到文档第1行的行首，然后在【审阅】/【校对】组中单击"拼写和语法"按钮，进行拼写和语法检查并修改错误的文本。

（4）将鼠标定位至"附件一"表格下方，在【引用】/【题注】组中单击"插入题注"按钮，在打开的"题注"对话框中插入表格题注，并将其居中设置。

3.4.2 审校"毕业论文"文档

1. 实训目标

本实训的目标是将"毕业论文"文档进行审阅、校对并打印，要求改正文档中的错误，将正确的文档打印出来。本实训完成后的参考效果如图3-42所示。

微课视频

审校"毕业论文"文档

65

素材所在位置 素材文件\第3章\项目实训\毕业论文.docx
效果所在位置 效果文件\第3章\项目实训\毕业论文.docx

图3-42 "毕业论文"文档效果

2. 专业背景

毕业论文属于严谨和科学类型的文档，因其可能发表在期刊、论坛等地方，所以对字数、拼写和语法等有着很高的要求，需要严格的进行审校。

3. 操作思路

完成本实训首先需要查看文档结构，然后检查语法错误，添加批注并修订文本，最后打印文档，其操作思路如图3-43所示。

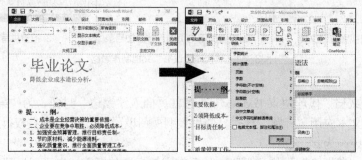

① 使用大纲视图查看文档　　　② 设置拼写和语法检查、字数统计

③ 添加批注与修订　　　　　　④ 打印文档

图3-43　"毕业论文"文档操作思路

【步骤提示】

（1）打开素材文档"毕业论文.docx"，在【视图】/【视图】组中单击 大纲视图 按钮，进入大纲视图模式，查看文档结构是否正确。

（2）在【审阅】/【校对】组中单击"拼写和语法"按钮，检查文档拼写和语法错误；接着在"校对"组中单击"字数统计"按钮，查看字数。

（3）将鼠标定位到"三、强化质量意识……"中的第4段文本末尾，在【审阅】/【批注】组中单击"新建批注"按钮，在弹出的窗口中输入批注内容"本段需要将第一、第二、第三、第四分为4段"。

（4）使用鼠标拖动选择"二、节约原材料……"中的第3段文本"20.64个百分点"，在【审阅】/【修订】组中单击"修订"按钮，回到页面中按【Delete】键，并将其改为"20.64%"。在【审阅】/【修订】组中单击"显示以供审阅"下拉列表框右侧的下拉按钮，在弹出的下拉列表选择"简单标记"选项。

（5）选择【文件】/【打印】菜单命令，在窗口右侧预览打印效果。对预览效果满意后，在窗口中间上方的"打印"栏的"份数"数值框中设置打印份数，其余设置保持默认，然后单击"打印"按钮即可开始打印。

3.5 课后练习

本章主要介绍了文档的排版与审校的相关操作，包括设置主题和样式、分栏排版、页面背景，创建封面，添加题注、脚注和尾注等编排内容，以及使用大纲视图查看文档、拼写和语法检查、字数统计等审校内容。本章的内容在办公中应用较多，读者应重点掌握。

练习1：制作"考勤制度"文档

本练习要制作一个"考勤制度"文档，要求通过编排文档完善文档内容结构。制作时可打开本书提供的素材文件进行操作，参考效果如图3-44所示。

素材所在位置 素材文件\第3章\课后练习\考勤制度.docx
效果所在位置 效果文件\第3章\课后练习\考勤制度.docx

要求操作如下。

- 打开素材文档"考勤制度.docx"，为相应的标题应用样式，并使用大纲视图设置文档标题为2级级别，设置页边距上下值分别为"2厘米"、左右值分别为"2.2厘米"，完成后插入"丝状"封面。
- 插入"边线型"页眉和"信号灯"页脚，完成后再插入目录样式，并在需要换页显示的位置插入分页符。
- 在"外勤登记表"后添加尾注，完成制作。

微课视频

制作"考勤制度"文档

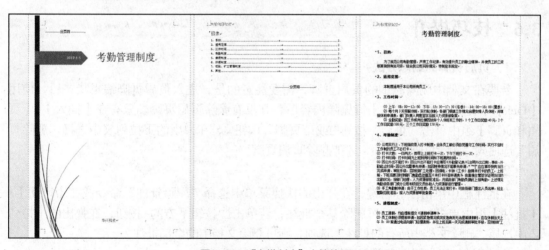

图3-44 "考勤制度"文档效果

练习2：审校"行为守则"文档

本练习要对"行为守则"文档进行审校并打印，操作时可打开本书提供的素材文件进行操作，参考效果如图3-45所示。

素材所在位置 素材文件\第3章\课后练习\行为守则.docx
效果所在位置 效果文件\第3章\课后练习\行为守则.docx

要求操作如下。

- 使用文档结构图查看文档内容，然后添加批注，并检查拼写与语法错误。
- 设置修订标记并修订文档。
- 完成后设置打印输出文档。

微课视频

审校"行为守则"文档

图3-45　审校并打印"行为守则"文档效果

3.6　技巧提升

1．页眉页脚的删除方法

若要在文档中删除添加的页眉页脚，需要注意的是，进入页眉页脚编辑状态后，使用【Delete】键或【BackSpace】键删除内容后，并没有删除页眉页脚。只有在【插入】/【页眉和页脚】组中单击"页眉"按钮▯或"页脚"按钮▯，在弹出的下拉列表中选择"删除页眉"选项或"删除页脚"选项，才能删除页眉页脚。

2．批注的删除技巧

在批注框中单击鼠标右键，在弹出的快捷菜单中选择"删除批注"命令或在【审阅】/【批注】组中单击▯按钮，可删除某个批注；若单击▯按钮下方的▾按钮，在弹出的下拉列表中选择"删除文档中所有的批注"选项，则可删除文档中的全部批注。

3．通过打印奇偶页实现双面打印

在办公室物品耗材中，打印文档的纸占主要部分，为了节省纸张，除非明文规定，一般都会将纸张双面打印使用。双面打印文档的方法为：选择【文件】/【打印】菜单命令，在"设置"栏中的"打印所有页"下拉列表中选择"仅打印奇数页"选项，单击顶部的"打印"按钮🖨，即可开始打印奇数页；打印完奇数页后，将纸张翻转一面重新放入打印机，在"设置"栏中的"打印所有页"下拉列表中选择"仅打印偶数页"选项，单击顶部的"打印"按钮🖨，即可开始打印偶数页。另外，若连接的打印机带有自动双面打印的功能，也可选择对应的选项来实现双面打印。

CHAPTER 4

第 4 章
Word 文档批量制作

情景导入

公司最近正准备邀请一批新人前来面试，于是把制作信封和通知单的任务交给了老洪的部门，而老洪看米拉在之前的工作中表现出色，准备让米拉来制作此次的信封和通知单。

学习目标

- 掌握制作"信封"文档的方法。
  如创建中文信封、合并邮件、批量打印信封。
- 掌握制作"面试通知单"文档的方法。
  如根据邮件合并分布向导合并邮件。

案例展示

6 1 0 0 0 0			陇邮

地址: 成都高新南区天承大厦

姓名: 张新杰

职务: 销售部经理

广州市天河区天河西路**号 胡月兰

邮政编码: 510333

6 1 0 0 0 0			陇邮

地址: 成都高新区创业大道 3*

姓名: 王凯

职务: 采购部科长

广州市天河区天河西路**号 胡月兰

▲ "信封"文档

梁谢华先生/女士:

您好!

欢迎您应聘本公司的前台文员职位，您的学识、经历给我们留下了良好的印象。为了彼此进一步了解，现邀请您备齐毕业证、身份证等其他相关证件按指定的日期、时间和地点到我公司面试。

1、→面试日期: 11/18/2013

2、→面试时间: 上午 9 点

3、→面试地点: ***有限公司

乘车路线: 您可以乘车 XXXX 到 XXXX 站

联系人: 李先生

联系电话: 028 - 8680XXXX

▲ "面试通知单"文档

4.1 课堂案例：制作"信封"文档

公司需向每个面试者发送信函，为了节约时间，并统一创建大量具有专业效果的信封，老洪建议米拉批量制作"信封"。要完成该任务，需在文档中创建中文信封主文档，然后调用数据源，插入合并域，预览信封，最后合并邮件并批量打印信封。本例通过"客户资料表"数据源制作的批量信封参考效果如图4-1所示，下面具体讲解其制作方法。

素材所在位置 素材文件\第4章\客户资料表.docx
效果所在位置 效果文件\第4章\信封.docx

图4-1 "信封"文档参考效果

4.1.1 创建中文信封

在实际的办公工作中，可使用Word中的信封功能为客户邮寄信件。中文信封与外文信封在版式和文本输入次序上有所不同，为了满足中文用户的需要，Word提供了多种中文信封样式，方便用户使用。

1. 建立主文档

主文档是指每封信中含有相同内容的部分文本。建立信封主文档指的就是输入每封信里相同内容的文本部分，其具体操作如下。

（1）启动Word 2013，新建空白文档，在【邮件】/【创建】组中单击"中文信封"按钮██。

微课视频

建立主文档

（2）打开"信封制作向导"对话框，单击 下一步(N) 按钮，在"选择信封样式"对话框的"信封样式"下拉列表中选择"国内信封-ZL（230×120）"选项，其他各项保持默认设置，然后单击 下一步(N) 按钮。在"选择生成信封的方式和数量"对话框中单击选中"键入收信人信息，生成单个信封"单选项，单击 下一步(N) 按钮，如图4-2所示。

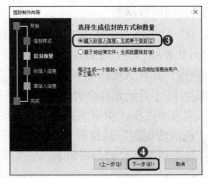

图4-2　设置信封样式和数量

（3）在"输入收信人信息"对话框中输入"姓名："、"职务："、"地址："，单击 下一步(N)> 按
　　钮。在"输入寄信人信息"界面中输入寄信人的姓名、地址和邮编，单击 下一步(N)> 按钮，
　　如图4-3所示。

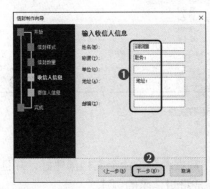

图4-3　设置收信人信息和寄信人信息

（4）在打开的对话框中单击 完成(F) 按钮，退出信封制作向导。Word将自动新建一个信封页
　　面大小的文档，其中的内容为前面输入的信封内容，并将姓名剪贴至第2条虚线上，如
　　图4-4所示。

图4-4　创建信封主文档

创建信封

　　在"创建"组中单击"信封"按钮 ⊟，在打开的"信封和标签"对
话框的"信封"选项卡中可输入或编辑收信人地址、寄信人地址，并设
置信封尺寸、送纸方式和其他选项。

2. 准备并调用数据源

"数据源"是指每封信中含有不同的、特定内容的部分文本。数据源的内容可从Word文档、Excel工作表、Access数据库、Outlook通讯录等程序中获取，其具体操作如下。

微课视频

准备并调用数据源

（1）在【邮件】/【开始邮件合并】组中单击 选择收件人 ▾ 按钮，在弹出的下拉列表中选择"使用现有列表"选项。

（2）打开"选取数据源"对话框，在其中找到数据源文件的保存路径并选择数据源文件"客户资料表.docx"，然后单击 打开(O) 按钮即可，如图4-5所示。

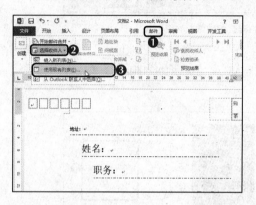
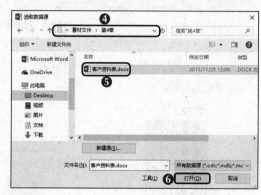

图4-5 调用数据源

4.1.2 合并邮件

在合并邮件之前，首先要将"主文档"和"数据源"这两个文档创建好，并且将它们之间联系起来，然后才能"合并"这两个文档，完成批量信函的创建。

1. 插入合并域

插入合并域是指将数据源中的数据引用到主文档中相应的位置，其具体操作如下。

微课视频

插入合并域

（1）将文本插入点定位到信封的邮编文本框处，然后在【邮件】/【编写和插入域】组中单击 插入合并域 按钮右侧的下拉按钮，在弹出的下拉列表中选择"邮政编码"选项，插入合并域，并调整"邮编："文本框大小。

（2）用相同的方法在信封的"地址：""姓名："和"职务："文本后分别插入"通信地址""联系人""联系人职务"的域名，如图4-6所示。

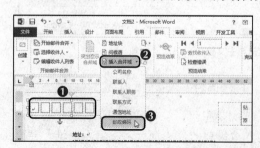

图4-6 插入合并域

2. 预览信封

插入合并域后,可通过预览信封效果查看插入的合并域的位置是否合适,其具体操作如下。

微课视频
预览信封

(1)在"预览结果"组中单击"预览结果"按钮。
(2)返回信封,插入的合并域变成了详细的邮编、地址、姓名和职务信息,如图4-7所示。

图4-7 预览信封

3. 完成合并

通过前面的操作,只能查看第一条记录信息,要将全部记录合并到新文档中,可执行完成合并操作,其具体操作如下。

微课视频
完成合并

(1)在"完成"组中单击"完成并合并"按钮,在弹出的下拉列表中选择"编辑单个文档"选项。
(2)打开"合并到新文档"对话框,保持选中"全部"单选项,然后单击 确定 按钮,此时Word将自动新建一个名为"信函1.docx"的文档,在该文档中拖曳垂直滚动条可依次查看全部记录的信函文档,如图4-8所示。

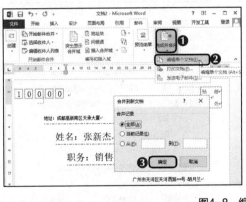

图4-8 编辑单个文档

4.1.3 批量打印信封

在合并邮件时,除了可合并到新文档中,还可合并到打印机,直接批量打印信封,其具体操作如下。

微课视频
批量打印信封

(1)在"完成"组中单击"完成并合并"按钮,在弹出的下拉列表中选择"打印文档"选项。

（2）打开"合并到打印机"对话框，单击选中"全部"单选项，然后单击 **确定** 按钮，在打开的"打印"对话框中保持默认设置，单击 **确定** 按钮，如图4-9所示。

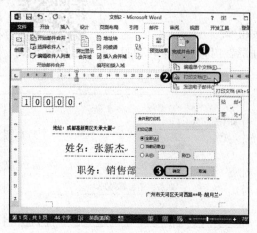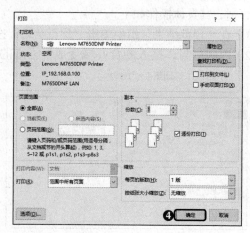

图4-9 批量打印信封

4.2 课堂案例：制作"面试通知单"文档

米拉要完成面试通知单的批量制作，并根据应聘者提供的E-mail地址群发邮件进行通知，应先使用"邮件合并"功能合并数据，然后发送邮件。本例完成后的参考效果如图4-10所示，下面具体讲解其制作方法。

素材所在位置 素材文件\第4章\面试通知单.docx、面试人员名单.xlsx
效果所在位置 效果文件\第4章\面试通知单.docx

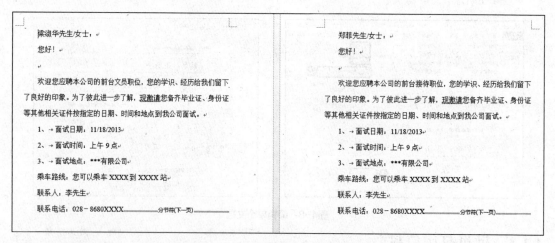

图4-10 "面试通知单"文档参考效果

4.2.1 根据邮件合并分步向导合并邮件

要将数据源合并到主文档中，必须先创建主文档，然后调用数据源并使用"邮件合并"功能合并数据与文本，其具体操作如下。

（1）打开素材文档"面试通知单.docx"，在【邮件】/【开始邮件合
　　并】组中单击 开始邮件合并·按钮，在弹出的下拉列表中选择"邮件合
　　并分步向导"选项。

（2）打开"邮件合并"任务窗格，在下方单击"下一步：开始文档"
　　超链接。在向导下一步页面中单击选中"使用当前文档"单选
　　项，然后单击"下一步：选择收件人"超链接。在向导下一步页
　　面中单击"浏览"超链接，如图4-11所示。

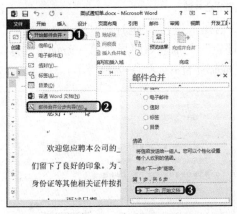  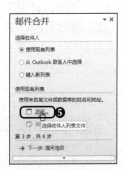

图4-11　根据邮件合并分步向导单击相应的链接

（3）打开"选取数据源"对话框，查找数据源Excel文档的保存路径，并选择"面试人员名
　　单.xlsx"文件，然后单击 打开(O) 按钮。

（4）打开"选择表格"对话框，选择"面试人员信息表"选项，然后单击 确定 按钮。

（5）打开"邮件合并收件人"对话框，保持其中的默认设置，然后单击 确定 按钮，如
　　图4-12所示。

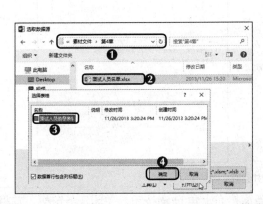 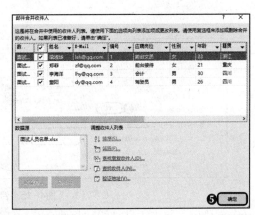

图4-12　选择并打开数据源文件

（6）返回文档中，将文本插入点定位到"先生/女士"文本前，然后在【邮件】/【编写和插入
　　域】组中单击 插入合并域按钮右侧的下拉按钮，在弹出的下拉列表中选择"姓名"选项。

（7）系统自动在"先生/女士"文本前添加姓名对应的合并域。用相同的方法在"职
　　位""面试日期""面试时间"和"面试地点"文本前后插入相应的合并域，完成后在
　　"邮件合并"任务窗格中单击"下一步：撰写信函"链接，如图4-13所示。

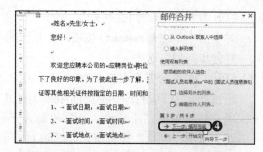

图4-13　插入相应的合并域

（8）在向导下一步页面中单击"下一步：预览信函"链接，此时在"先生/女士""职位""面试日期""面试时间"和"面试地点"文本前后将显示第一条记录的详细信息，然后单击"下一步：完成合并"链接完成邮件合并，如图4-14所示。

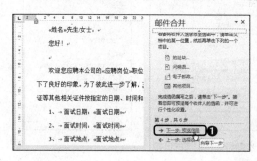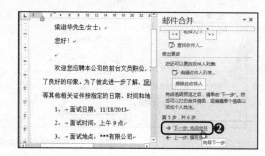

图4-14　预览信函并完成邮件合并

（9）在向导下一步页面中单击"编辑单个信函"链接，在打开的"合并到新文档"对话框中单击选中"全部"单选项，然后单击 确定 按钮，此时Word将自动新建一个名为"信函1.docx"的文档，如图4-15所示。

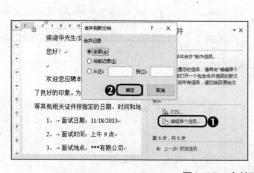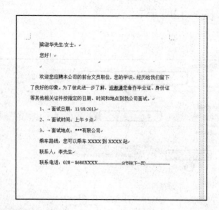

图4-15　合并到新文档

（10）完成后，单击主文档的"邮件合并"任务窗格右上角的 ✖ 按钮，关闭任务窗格，并将"信函1.docx"文档以"面试通知单"为名另存到效果文件夹中。

4.2.2　发送邮件

完成邮件合并后，还可利用Outlook组件直接发送电子邮件，其具体操作如下。

（1）在【邮件】/【完成】组中单击"完成并合并"按钮 ，在弹出的下拉列表中选择"发送电子邮件"选项。

（2）打开"合并到电子邮件"对话框，在"收件人"下拉列表框中选择"EMail"选项，在"主题行"文本框中输入数据"***有限公司面试通知单"，在"邮件格式"下拉列表框中选择"纯文本"选项，然后单击 确定 按钮，如图4-16所示。

（3）系统自动启动"Microsoft Office Outlook 2013"程序，然后根据提示进行操作。完成后，在"发件箱"或"已发送邮件"中将自动生成合并的邮件，并发送相应的邮件。

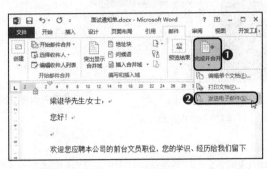

图4-16 设置发送邮件选项

4.3 项目实训

4.3.1 制作"信封"文档

1. 实训目标

本实训的目标是制作一个文档，要求在制作过程中直接基于地址簿文件，生成批量信封。本实训完成后的参考效果如图4-17所示。

素材所在位置 素材文件\第4章\项目实训\客户信息.txt
效果所在位置 效果文件\第4章\项目实训\信封1.docx

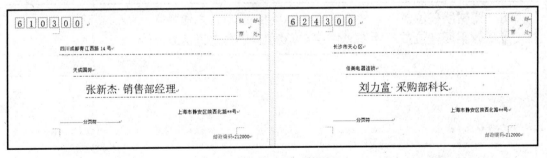

图4-17 "信封1"文档效果

2. 专业背景

信封文件在工作中是比较常用的一种文件制作工作，传统的手动填写费时又费力，尤其对于数据量多的企业，采用Word的批量信封制作与打印能够提高工作效率。

3. 操作思路

完成本实训首先需新建空白文档，然后设置基于地址簿文件，生成批量信封等即可，其操作思路如图4-18所示。

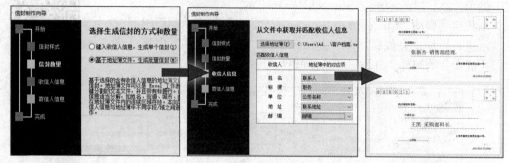

①选择基于文件生成信封　　　　②匹配收信人信息　　　　③修改并保存文档

图4-18　"信封1"文档制作思路

【步骤提示】

（1）启动Word 2013新建空白文档，在【邮件】/【创建】组中单击"中文信封"按钮 。

（2）打开"信封制作向导"对话框，前两步与之前制作信封时一致，在第三步"信封数量"界面中单击选中"基于地址簿文件，生成批量信封"单选项，单击 下一步(N) 按钮。

（3）在"收件人信息"对话框中选择素材文件中的地址簿"客户信息.txt"，并匹配收信人信息，单击 下一步(B) 按钮；在"寄信人信息"界面中设置寄信人地址和邮编信息，单击 下一步(B) 按钮；在"完成"界面单击 完成(F) 按钮，完成信封的批量制作。

（4）在文档界面中调整行距，清除空白页，最后保存文档。

4.3.2　编辑"邀请函"文档

1. 实训目标

本实训的目标是制作邀请函文档，需要在文档中利用邮件合并功能批量打印并发送"邀请函"给公司的所有客户。本实训的最终效果如图4-19所示。

微课视频

编辑"邀请函"文档

素材所在位置　素材文件\第4章\项目实训\客户资料表.docx、邀请函.docx
效果所在位置　效果文件\第4章\项目实训\邀请函.docx

张新杰小姐/先生：

你好！

仰首是春、俯首成秋，创新科技有限公司又迎来了她的第十个新年。我们深知在发展的道路上离不开您的合作与支持，我们取得成绩中有您的辛勤工作。久久联合、岁岁相长。作为一家成熟专业的创新科技有限公司我们珍惜您的选择，我们愿意与您一起分享对新年的喜悦与期盼。故在此邀请您参加创新科技有限公司举办的新年酒会，与您共话友情、展望将来。如蒙应允、不胜欣喜。

刘力富小姐/先生：

你好！

仰首是春、俯首成秋，创新科技有限公司又迎来了她的第十个新年。我们深知在发展的道路上离不开您的合作与支持，我们取得成绩中有您的辛勤工作。久久联合、岁岁相长。作为一家成熟专业的创新科技有限公司我们珍惜您的选择，我们愿意与您一起分享对新年的喜悦与期盼。故在此邀请您参加创新科技有限公司举办的新年酒会，与您共话友情、展望将来。如蒙应允、不胜欣喜。

图4-19　"邀请函"文档合并邮件后的效果

2. 专业背景

邀请函是邀请亲朋好友或知名人士、专家等参加某项重要活动时所发的请约性书信。在日常生活中，这类书信使用非常广泛。在制作这类文档时，不仅要注意语言简洁明了，还应写明举办活动的具体时间和地点，以及被邀请者的姓名。

3. 操作思路

完成本实训需要先将"客户资料表"文档中的"客户名称"数据合并到"邀请函"文档中，完成合并后再打印并发送文档，其操作思路如图4-20所示。

①根据邮件合并分步向导合并邮件　②合并邮件到新文档　③打印并发送"邀请函"文档

图4-20 "邀请函"文档的制作思路

【步骤提示】

（1）打开素材文档"邀请函.docx"，在【邮件】/【开始邮件合并】组中单击 开始邮件合并 · 按钮，在弹出的下拉列表中选择"邮件合并分步向导"选项，然后根据邮件合并分步向导将"客户资料表"文档中的"联系人"数据合并到"邀请函"文档中。

（2）在"完成"组中单击"完成并合并"按钮，在弹出的下拉列表中选择"编辑单个文档"选项，在打开的对话框中保持默认设置，然后单击 确定 按钮，系统自动新建一个名为"信函1.docx"的文档，在其中拖动垂直滚动条可依次查看全部记录的信函文档。

（3）单击"完成并合并"按钮，在弹出的下拉列表中分别选择"打印文档"和"发送电子邮件"选项，并进行相应的设置，单击 确定 按钮批量打印并发送"邀请函"。

4.4 课后练习

本章主要介绍了创建中文信封，使用不同的方法合并邮件，以及批量打印并发送信函等操作方法，读者应加强该部分内容的练习与应用。

练习1：制作"信封2"文档

新建空白文档，在其中根据"客户档案表"数据源制作批量信封的效果如图4-21所示，要求操作如下。

微课视频

制作"信封2"文档

素材所在位置 素材文件\第4章\课后练习\客户档案表.xlsx
效果所在位置 效果文件\第4章\课后练习\信封2.docx

要求操作如下。

● 启动信封制作向导，按照向导的提示创建中文信封。

● 将"客户档案表"数据源合并到创建的主文档中，并在相应的位置插入合并域。

● 编辑个人信函，将全部记录合并到新文档中，并批量打印信封。

图4-21　制作批量信封的效果

练习2：制作"产品售后追踪信函"文档

使用邮件合并制作"产品售后追踪信函"，效果如图4-22所示。

 素材所在位置　素材文件\第4章\课后练习\产品售后追踪信函.docx
效果所在位置　效果文件\第4章\课后练习\产品售后追踪信函.docx

● 打开"产品售后追踪信函.docx"文档，根据邮件合并分步向导合并邮件，并在相应的位置插入合并域。
● 批量打印并发送信函给公司的所有客户。

尹光明先生/女士：

　您好！

　　感谢您购买我们的书籍，我们会致力于最好的售后服务，为您提供服务保障。为了更好地服务于读者朋友，我们提供了邮件答疑服务，如果您在阅读本书过程中遇到问题，可以发电子邮件至 xxx@163.com，我们会在 2 个工作日内尽心为您解答。您也可以到我们的网站 http://www.xxx.com 的【疑难解答】中提出问题，我们在两个工作日内予以答复。

刘凯先生/女士：

　您好！

　　感谢您购买我们的书籍，我们会致力于最好的售后服务，为您提供服务保障。为了更好地服务于读者朋友，我们提供了邮件答疑服务，如果您在阅读本书过程中遇到问题，可以发电子邮件至 xxx@163.com，我们会在 2 个工作日内尽心为您解答。您也可以到我们的网站 http://www.xxx.com 的【疑难解答】中提出问题，我们在两个工作日内予以答复。

图4-22　"产品售后追踪信函"文档合并邮件后的效果

微课视频

制作"产品售后追踪信函"文档

4.5　技巧提升

1．快速检查信封制作中的错误

在Word工作界面中选择【文件】/【选项】菜单命令，打开"Word 选项"对话框，在左侧单击"校对"选项卡，在右侧的"在Word 中更正拼写和语法时"栏中单击选中"键入时检查拼写"和"键入时标记语法错误"复选框，单击"确定"按钮，完成后可快速检查信封制作中的错误。

2．从数据源中筛选指定的数据记录

在实际使用时，我们并不是每次都需要给所有的收件人发送邮件，此时如果列表中包含了不希望在合并数据时看到或包括的记录，可以采用筛选记录的方法来排除记录。其方法为：打开"邮件合并收件人"对话框，确定需要进行筛选的项目，再根据进行筛选的项在列标题右侧单击下拉按钮，在打开的下拉列表中选择要筛选出来的数据选项，系统自动将选择的数据记录筛选出来。

CHAPTER 5

第 5 章
Excel 2013 的基本操作

情景导入

老洪从工作中发现米拉基本掌握了Word的相关知识和技能，因此，他准备让米拉开始学习使用Excel 2013制作表格。首先老洪让米拉参考相关书籍，了解Excel相关基础知识和基本操作，并尝试制作一个简单的客户登记表。

学习目标

- 掌握Excel 2013的基础知识。

  如熟悉Excel 2013工作界面，认识工作簿、工作表、单元格，切换工作簿视图。

- 掌握制作"客户登记表"的方法。

  如工作簿的基本操作、输入与填充数据，以及保存与保护工作簿。

案例展示

	A	B	C	D	E	F	G	H
1	预约客户登记表							
2	预约号	公司名称	预约人姓名	联系电话	接待人	预约日期	预约时间	事由
3	1	佳明科技有	顾建	1584562**	莫雨菲	2017/11/20	9:30	采购
4	2	腾达实业有	贾云国	1385462**	苟丽	2017/11/21	15:45	设备维护检修
5	3	顺德有限公	关玉贵	1354563**	莫雨菲	2017/11/22	10:00	采购
6	4	腾达实业有	孙林	1396564**	莫雨菲	2017/11/23	10:25	采购
7	5	新世纪科技	蒋安辉	1302458**	苟丽	2017/11/23	16:00	质量检验
8	6	宏源有限公	罗红梅	1334637**	苟丽	2017/11/24	17:00	送货
9	7	科华科技公	王富贵	1585686**	章正翔	2017/11/25	11:30	送货
10	8	宏源有限公	郑珊	1598621**	章正翔	2017/11/26	11:45	技术咨询
11	9	拓启股份有	张波	1586985**	章正翔	2017/11/27	14:00	技术咨询
12	10	新世纪科技	高天水	1598546**	莫雨菲	2017/11/28	11:00	质量检验
13	11	佳明科技有	耿跃升	1581254**	章正翔	2017/11/28	14:30	技术培训
14	12	科华科技公	郑立志	1375382**	苟丽	2017/11/28	16:30	设备维护检修
15	13	顺德有限公	郑才枫	1354582**	苟丽	2017/11/29	15:00	技术培训

▲ "客户登记表"工作簿

5.1 Excel 2013的基本操作

Excel作为Office的组件之一，是一个电子表格处理软件，使用它不仅可以制作各类电子表格，还可以对数据进行计算、分析和预测。为了使用户能熟练使用Excel，下面熟悉Excel工作界面，认识工作簿、工作表和单元格，并学会Excel视图切换操作。

5.1.1 熟悉Excel 2013工作界面

Excel工作界面与Word的界面基本相似，由快速访问工具栏、标题栏、文件选项卡、功能选项卡、功能区、编辑栏、工作表编辑区等部分组成，如图5-1所示。下面主要介绍编辑栏和工作表编辑区的作用。

图5-1　Excel 2013工作界面

1. 编辑栏

编辑栏用来显示和编辑当前活动单元格中的数据或公式。默认情况下，编辑栏中包括名称框、"插入函数"按钮和编辑框，但在单元格中输入数据或插入公式与函数时，编辑栏中的"取消"按钮和"输入"按钮将显示出来，如图5-2所示。

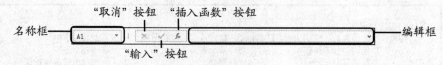

图5-2　编辑栏

- **名称框**：用来显示当前单元格的地址或函数名称，如在名称框中输入"A1"后，按【Enter】键表示选择A1单元格。
- **"取消"按钮**：单击该按钮表示取消输入的内容。
- **"输入"按钮**：单击该按钮表示确定并完成输入的内容。
- **"插入函数"按钮**：单击该按钮，将快速打开"插入函数"对话框，在其中可选择相应的函数插入表格中。
- **编辑框**：显示在单元格中输入或编辑的内容，并可在其中直接输入和编辑。

2．工作表编辑区

工作表编辑区是Excel编辑数据的主要场所，它包括行号与列标、单元格、工作表标签等。下面简单介绍。

- **行号与列标**：行号用"1，2，3……"等阿拉伯数字标识，列标用"A，B，C……"等大写英文字母标识。一般情况下，单元格地址表示为：列标+行号，如位于A列1行的单元格可表示为A1单元格。
- **工作表标签**：用来显示工作表的名称，如"Sheet1""Sheet2"和"Sheet3"等。在工作表标签左侧或右侧单击…按钮，当前工作表标签将返回到最左侧或最右侧的工作表标签，单击◂或▸按钮将向前或向后切换一个工作表标签。若在工作表标签滚动显示按钮上单击鼠标右键，在弹出的快捷菜单中选择任意一个工作表也可切换工作表。

5.1.2 认识工作簿、工作表、单元格

在Excel中，工作簿、工作表、单元格是构成Excel的框架，同时它们之间存在着包含与被包含的关系。了解其概念和相互之间的关系，有助于在Excel中执行相应的操作。

1．工作簿、工作表和单元格的概念

下面首先了解工作簿、工作表和单元格的概念。

- **工作簿**：即Excel文件，用来存储和处理数据的主要文档，也称为电子表格。默认情况下，新建的工作簿以"工作簿1"命名，若继续新建工作簿，将以"工作簿2""工作簿3"……命名，且工作簿名称将显示在标题栏的文档名处。
- **工作表**：用来显示和分析数据的工作场所，它存储在工作簿中。默认情况下，一张工作簿中只包含3张工作表，分别以"Sheet1""Sheet2"和"Sheet3"进行命名。
- **单元格**：单元格是Excel中最基本的存储数据单元，它通过对应的行号和列标进行命名和引用。单个单元格地址可表示为列标+行号；而多个连续的单元格称为单元格区域，其地址表示为单元格：单元格，如A2单元格与C5单元格之间连续的单元格可表示为A2:C5单元格区域。

2．工作簿、工作表、单元格的关系

工作簿中包含了一张或多张工作表，工作表又是由排列成行或列的单元格组成。在电脑中，工作簿以文件的形式独立存在，Excel 2013创建的文件扩展名为".xlsx"，而工作表依附在工作簿中，单元格则依附在工作表中，因此它们三者之间的关系可用图5-3表示。

图5-3 工作簿、工作表和单元格的关系

5.1.3 切换工作簿视图

在Excel中也可根据需要在视图栏中单击视图按钮组 ▦ ▣ ▥ 中的相应按钮，或单击"视图"选项卡，在"工作簿视图"组中单击相应的按钮切换视图。下面分别介绍每个工作簿视图的作用。

- **普通视图**：普通视图是Excel中的默认视图，用于正常显示工作表，在其中可以执行数据输入和数据计算图表制作等操作。
- **页面布局视图**：在页面布局视图中，每一页都会同时显示页边距、页眉和页脚，如图5-4所示，用户可以在此视图模式下编辑数据、添加页眉和页脚，并可以通过拖动上边或左边标尺中的浅蓝色控制条设置页面边距。
- **分页预览视图**：分页预览视图可以显示蓝色的分页符，用户可以用鼠标拖动分页符以改变显示的页数和每页的显示比例，如图5-5所示。

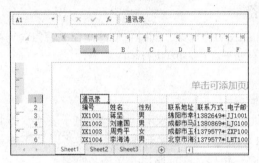

图5-4 页面布局视图的效果

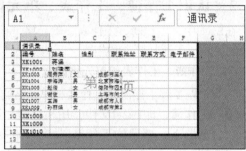

图5-5 分页预览视图的效果

- **自定义视图**：单击"自定义视图"按钮 ▣，在打开的"视图管理器"对话框中可以根据需要对同一部件（包括工作簿、工作表以及窗口）定义一系列特殊的显示方式和打印设置，并将其分别保存为视图。当需要以不同方式显示或打印工作簿时，就可以切换到任意所需的视图。

全屏显示视图

要在屏幕上尽可能多地显示文档内容，可以切换为全屏显示，单击窗口右上方的"功能区显示选项"按钮 ▣，在弹出的下拉列表中选择"自动隐藏功能区"选项，即可切换到全屏显示视图，在该模式下，Excel将不显示功能区和状态栏等部分。

5.2 课堂案例：制作"客户登记表"

米拉在参考了各种Excel书籍后，对Excel 2013有了更加深刻的了解，尝试着制作一个简单的客户登记表。要完成该任务，需要学会新建工作簿、选择工作表与单元格、输入与填充数据，以及设置密码等。本例的参考效果如图5-6所示，下面具体讲解其制作方法。

效果所在位置 效果文件\第5章\客户登记表.xlsx

	A	B	C	D	E	F	G	H
1	预约客户登记表							
2	预约号	公司名称	预约人姓名	联系电话	接待人	预约日期	预约时间	事由
3	1	佳明科技有	顾建	1584562**	莫雨菲	2017/11/20	9:30	采购
4	2	腾达实业有	贾云国	1385462**	苟丽	2017/11/21	15:45	设备维护检修
5	3	顺德有限公	关王贵	1354563**	莫雨菲	2017/11/22	10:00	送货
6	4	腾达实业有	孙林	1396564**	莫雨菲	2017/11/23	10:25	采购
7	5	新世纪科技	蒋安辉	1302458**	苟丽	2017/11/23	16:00	质量检验
8	6	宏源有限公	罗红梅	1334637**	苟丽	2017/11/24	17:00	送货
9	7	科华科技公	王富贵	1585686**	章正翔	2017/11/25	11:30	送货
10	8	宏源有限公	郑珊	1598621**	章正翔	2017/11/26	11:45	技术咨询
11	9	拓启股份有	张波	1586985**	章正翔	2017/11/27	14:00	技术咨询
12	10	新世纪科技	高天水	1598546**	莫雨菲	2017/11/28	11:00	质量检验
13	11	佳明科技有	耿跃升	1581254**	章正翔	2017/11/28	14:30	技术培训
14	12	科华科技公	郑立志	1375382**	苟丽	2017/11/28	16:30	设备维护检修
15	13	顺德有限公	郑才枫	1354582**	苟丽	2017/11/29	15:00	技术培训

图 5-6　"客户登记表"工作簿参考效果

5.2.1　工作簿的基本操作

在Excel 2013中，需要掌握的基本操作有打开工作簿、新建工作簿、选择工作表和选择单元格，其中打开工作簿与打开Word文档的方法一致，这里就不做过多赘述，而是重点讲其余3个知识点。

1. 新建工作簿

要使用Excel制作表格，首先应学会新建工作簿。新建工作簿的方法分为两种：一种是新建空白工作簿，另一种是新建基于模板的工作簿。

（1）新建空白工作簿。

启动Excel 2013后，系统将打开一个新建界面，选择其中的"空白工作簿"选项，即可新建空白工作簿，其具体操作如下。

① 启动Excel 2013，在打开的窗口右侧选择"空白工作簿"选项。

② 系统将新建一个名为"工作簿1"的空白工作簿，如图5-7所示。

微课视频

新建空白工作簿

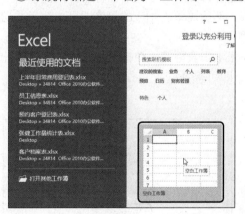

图5-7　新建空白工作簿

多学一招

其他新建工作簿的方法

在已有文档的前提下，选择【文件】/【新建】菜单命令，在窗口右侧的"新建"栏中选择"空白工作簿"选项，或者按【Ctrl+N】组合键，可快速创建空白工作簿。

（2）新建基于模板的工作簿。

Excel自带了许多具有专业表格样式的模板，这些模板有固定的格式，用户在使用时只需输入相应的数据或稍作修改即可快速创建出所需的工作簿，提高了工作效率，其具体操作如下。

① 选择【文件】/【新建】菜单命令，在"搜索联机模板"文本框中输入"课程表"，查询课程表模板样式。

② 在查询的结果中选择"学生课程安排"选项，在弹出的界面中单击"创建"按钮，创建模板文档，如图5-8所示。

微课视频

新建基于模板的工作簿

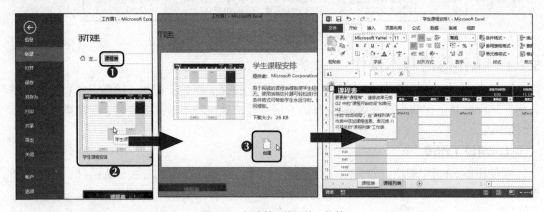

图5-8　新建基于模板的工作簿

2. 选择工作表

要在不同工作表中编辑表格数据，可通过单击工作表标签，快速选择并切换到相应的工作表。选择工作表有以下几种方法。

● **选择一张工作表**：单击需选择的工作表标签，如果看不到所需标签，只需单击工作表标签滚动显示按钮◀或▶将其显示出来，然后再单击相应的标签即可。选择并切换到的工作表标签呈白色显示，如图5-9所示。

● **选择工作簿中的所有工作表**：在任意一张工作表标签上单击鼠标右键，在弹出的快捷菜单中选择"选定全部工作表"命令即可选择同一工作簿中的所有工作表，如图5-10所示。

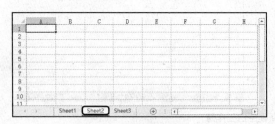

图5-9　选择一张工作表

图5-10　选择工作簿中的所有工作表

● **选择相邻的多张工作表**：选择第一张工作表标签，按住【Shift】键的同时，单击要选择的最后一张工作表标签即可选择相邻的多张工作表，如图5-11所示。

● **选择不相邻的多张工作表**：选择第一张工作表标签，按住【Ctrl】键的同时，单击要选择的其他工作表的标签即可依次选择不相邻的多张工作表，如图5-12所示。

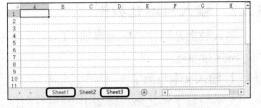

图5-11 选择相邻的多张工作表　　　　　　　图5-12 选择不相邻的多张工作表

3. 选择单元格

要在表格中输入数据，首先应选择输入数据的单元格。选择单元格的方法有以下几种。

● **选择单个单元格**：单击单元格，或在名称框中输入单元格的行号和列号后按【Enter】键即可选择所需的单元格，如图5-13所示。

● **选择所有单元格**：单击行号和列标左上角交叉处的"全选"按钮 ，或按【Ctrl+A】组合键即可选择工作表中所有的单元格，如图5-14所示。

● **选择相邻的多个单元格**：选择起始单元格后按住鼠标左键不放拖曳鼠标到目标单元格，或按住【Shift】键的同时选择目标单元格即可选择相邻的多个单元格，如图5-15所示。

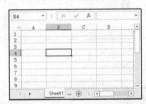　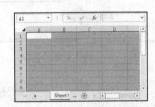　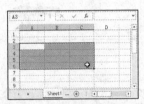

图5-13 选择单个单元格　　图5-14 选择所有单元格　　图5-15 选择相邻的多个单元格

● **选择不相邻的多个单元格**：按住【Ctrl】键的同时依次单击需要选择的单元格即可选择不相邻的多个单元格，如图5-16所示。

● **选择整行**：将鼠标移动到需选择行的行号上，当鼠标光标变成 ➡ 形状时，单击即可选择该行，如图5-17所示。

● **选择整列**：将鼠标移动到需选择列的列标上，当鼠标光标变成 ⬇ 形状时，单击即可选择该列，如图5-18所示。

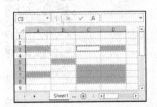　　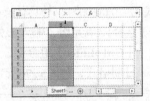

图5-16 选择不相邻的多个单元格　　图5-17 选择整行　　图5-18 选择整列

使用按键选择单元格

　　选择单元格后，按【Enter】键可选择当前单元格下方的单元格，按【Tab】键可选择当前单元格右侧的单元格。另外，在键盘上按【↑】、【↓】、【←】和【→】键可选择当前单元格上下左右方向的单元格。

5.2.2 输入与填充数据

输入数据是制作表格的基础，Excel支持各种类型数据的输入，如文本、数字、日期与时间、特殊符号等。

1. 输入文本与数字

文本与数字都是Excel表格中的重要数据，用来直观地表现表格中所显示的内容。在单元格中输入文本的方法与输入数字的方法基本相同，其具体操作如下。

（1）启动Excel 2013，新建空白工作簿，选择A1单元格，输入文本"客户登记表"，然后按【Enter】键。

（2）选择A2单元格，输入文本"预约号"，按【Enter】键将选择A3单元格，输入数字"1"。依次选择相应的单元格，用相同的方法输入图5-19所示的文本与数字。

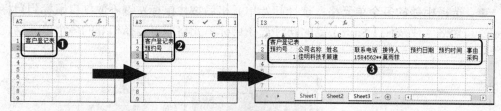

图5-19　输入文本与数字

修改输入的数据的技巧

若需要修改在单元格中输入的数据，可在对应的单元格位置处双击，将光标插入点定位到该位置，在其中根据需要修改数据即可，然后按【Enter】键或单击其他单元格。

2. 输入日期与时间

默认情况下，在Excel中输入的日期格式为"2017/11/20"（若输入"2017-11-20"的日期格式，系统将自动显示为默认格式）；时间格式为"0:00:00"，其具体操作如下。

（1）选择F3单元格，输入形如"2017-11-20"格式的日期，完成后按【Ctrl+Enter】组合键，系统将自动显示为默认"2017/11/20"的日期格式，如图5-20所示。

图5-20　输入日期

（2）选择G3单元格，输入形如"9:30"的时间格式，完成后按【Ctrl+Enter】组合键，在编辑框中可看到时间格式显示为"9:30:00"，如图5-21所示。

图5-21　输入时间

（3）用相同的方法在B4:H15单元格区域中输入图5-22所示的数据。

图5-22　输入其他数据

输入特殊符号

　　在Excel表格中，若需要插入一些键盘不能直接输入的符号，如"※""★"或"√"等，可在【插入】/【符号】组中单击"符号"按钮Ω，打开"符号"对话框选择符号插入。

3. 填充数据

　　使用鼠标左键拖动控制柄可以快速填充相同或有序列的数据。下面在工作簿中使用鼠标左键拖动控制柄填充序列数据，其具体操作如下。

微课视频

填充数据

（1）选择A3单元格，将鼠标光标移至该单元格的右下角，此时该单元格的右下角将出现一个控制柄，且鼠标光标变为+形状，按住鼠标左键不放拖动到A15单元格，释放鼠标，在A3:A15单元格区域中将快速填充相同的数据。

（2）在A3:A15单元格区域的右下角单击"自动填充选项"按钮，在弹出的下拉列表中单击选中"填充序列"单选项即可填充序列数据，如图5-23所示。

图5-23　使用鼠标左键拖动控制柄填充数据

使用"序列"对话框填充数据

使用"序列"对话框可以具体设置数据的类型、步长值和终止值等参数，以实现数据的序列填充，其操作步骤为：选择单元格区域，在【开始】/【编辑】组中单击 填充 按钮，在弹出的下拉列表中选择"序列"命令，打开"序列"对话框，即可进行数据填充设置。

5.2.3 保护与保存工作簿

办公中时常会输入一些重要数据和资料，为了防止被窃取，需要设置密码，还需将其保存到计算机中的相应位置，其具体操作如下。

微课视频
保护与保存工作簿

（1）选择【文件】/【信息】菜单命令，在窗口中单击"保护工作簿"按钮，在弹出的下拉列表中选择"用密码进行加密"选项。

（2）打开"加密文档"对话框，在文本框中输入密码"123456"，然后单击 确定 按钮；打开"确认密码"对话框，在文本框中重复输入密码"123456"，然后单击 确定 按钮，完成后的效果如图5-24所示。

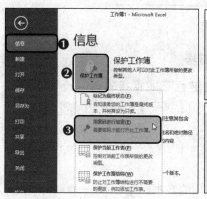
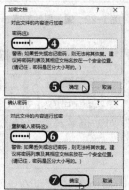

图5-24 通过加密文档设置保存功能

（3）选择【文件】/【另存为】菜单命令，在打开的窗口右侧的"另存为"栏中双击"计算机"选项。打开"另存为"对话框，选择文件保存路径，在"文件名"下拉列表框中设置名称为"客户登记表"，然后单击 保存(S) 按钮，如图5-25所示。

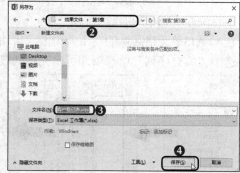

图5-25 保存工作簿

5.3 项目实训

5.3.1 新建"员工信息表"工作簿

1. 实训目标

本实训的目标是制作员工信息表，需要先将新建的空白工作簿以"员工信息表"为名进行保存，然后在其中选择相应的单元格输入并填充数据，重命名工作表名称并设置密码，完成后再次保存工作簿并退出Excel。本实训完成后的参考效果如图5-26所示。

 效果所在位置 效果文件\第5章\项目实训\员工信息表.xlsx

图5-26 "员工信息表"工作簿的最终效果

2. 专业背景

员工信息表是根据每个员工的不同情况准确记录其个人身份、学历、主要经历、政治面貌和品德作风等情况的文件材料。它可以为个人求职和单位求才提供大量丰富、动态、真实有效的原始资料和数据，在人事管理制度中占有非常重要的位置。在制作员工信息表时，必须做到整体内容完整齐全，个体材料客观真实。

3. 操作思路

完成本实训需要先创建所需的工作簿，在其中输入相应的数据，并删除多余的工作表，然后重命名工作表，完成后设置密码保存并退出Excel，其操作思路如图5-27所示。

①新建空白工作簿　　　②输入并填充数据　　　③设置密码保护

图5-27 "员工信息表"工作簿的制作思路

【步骤提示】

（1）启动Excel 2013，将新建的空白工作簿以"员工信息表"为名进行保存。

（2）选择相应的单元格输入数据，并使用快捷方法填充序列数据。

（3）为文档设置密码"123456"进行保护，完成后保存文档。

5.3.2 制作"产品价格表"工作簿

1．实训目标

本实训的目标是制作产品价格表，需要新建工作簿，输入并填充数据，还需为文档设置密码保护，完成后保存工作簿。本实训完成后的参考效果如图5-28所示。

 效果所在位置 效果文件\第5章\项目实训\产品价格表.xlsx

图5-28 "产品价格表"工作簿效果

2．专业背景

产品价格表是一种常用的电子表格，在超市数据统计和普通办公中经常使用。制作表格的目的是为了方便查看各种数据，这种表格中的数据量较大，因此在制作这种表格时需要对工作表进行编辑，还可以直接将已有的样式应用在表格中。

3．操作思路

完成本实训需要在文档中插入图片、艺术字、文本框、SmartArt图形等元素美化文档，其操作思路如图5-29所示。

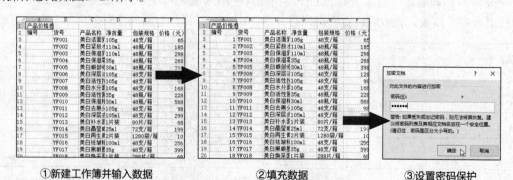

①新建工作簿并输入数据 ②填充数据 ③设置密码保护

图5-29 "产品价格表"工作簿的制作思路

【步骤提示】

（1）新建空白工作簿，然后在"Sheet1"工作表中输入相应的数据。

（2）使用左键拖动的方式填充编号数据。

（3）设置工作簿密码为"123456"，将其以"产品价格表"为名进行保存，完成后单击"关闭"按钮✖退出Excel。

5.4　课后练习

本章主要介绍了Excel的相关基础操作，如熟悉Excel工作界面，认识工作簿、工作表、单元格等，熟悉工作簿视图切换，工作簿的基本操作，输入与填充数据，保护与保存工作簿等。读者应加强该部分内容的练习与运用。

练习1：制作"车辆使用管理表"工作簿

新建空白工作簿，将其以"车辆使用管理表"为名进行保存，在其中输入图5-30所示的数据，最后对其进行保存。

 效果所在位置　效果文件\第5章\课后练习\车辆使用管理表.xlsx

要求操作如下。

- 启动Excel 2013，将新建的空白工作簿以"车辆使用管理表"为名进行保存。
- 选择相应的单元格输入文本、数字、日期与时间等数据，然后保存工作簿，完成后单击"关闭"按钮✖退出Excel。

微课视频

制作"车辆使用管理表"工作簿

	使用者	所在部门	使用原因	使用日期	开始使用时间	交车时间	车辆消耗费	报销费	驾驶员补助费
1	公司车辆使用管理表								
2	车号								
3	京A 81816	陈静	总经办	公事	2017/11/25	8:00	21:00	130	130	150
4	京A 45672	蒲强	总经办	公事	2017/11/25	8:00	15:00	80	80	0
5	京A 36598	尚天刚	人力资源部	公事	2017/11/25	9:30	12:00	30	30	0
6	京A 45672	尚天刚	人力资源部	私事	2017/11/25	15:30	21:00	80	0	0
7	京A 81816	陈静	总经办	公事	2017/11/26	8:00	18:00	60	60	60
8	京A 45672	梁艳	策划部	私事	2017/11/26	9:20	11:50	10	0	0
9	京A 67532	杨梨花	销售部	公事	2017/11/26	10:00	19:20	50	50	30
10	京A 36598	郑涛	宣传部	公事	2017/11/26	14:30	19:20	50	50	0
11	京A 56789	陈静	总经办	公事	2017/11/27	9:00	18:00	90	90	30
12	京A 36598	郑涛	宣传部	公事	2017/11/27	8:30	11:30	60	60	0
13	京A 45672	郑涛	宣传部	公事	2017/11/27	13:00	20:00	70	70	0
14	京A 45672	陈静	总经办	公事	2017/11/28	14:00	20:00	60	60	0
15	京A 56789	李建新	宣传部	公事	2017/11/28	10:00	12:30	70	70	0
16	京A 67532	蒲强	总经办	公事	2017/11/28	12:20	15:00	30	30	0
17	京A 81816	尚天刚	人力资源部	私事	2017/11/28	8:30	15:00	70	0	0
18	京A 36598	郑涛	宣传部	公事	2017/11/28	9:30	11:50	30	30	0
19	京A 67532	李建新	宣传部	公事	2017/11/29	14:00	17:50	20	20	0
20	京A 81816	李建新	宣传部	公事	2017/11/29	8:00	13:30	90	90	30
21	京A 67532	蒲强	总经办	公事	2017/11/29	9:20	12:00	120	120	90
22	京A 45672	梁艳	策划部	私事	2017/11/30	8:00	20:00	120	0	120
23	京A 36598	杨梨花	销售部	公事	2017/11/30	7:50	14:00	100	100	150
24	京A 56789	杨梨花	销售部	公事	2017/11/30	15:00	20:00	120	120	120

图5-30　"车辆使用管理表"工作簿效果

练习2：制作"费用登记表"工作簿

新建"费用登记表"工作簿，在其中输入数据，编辑工作表，并设置密码保护。参考效果如图5-31所示。

 效果所在位置　效果文件\第5章\课后练习\费用登记表.xlsx

要求操作如下。

- 新建空白工作簿，将其以"费用登记表"为名进行保存。
- 在"Sheet1"工作表中输入相应的数据。
- 设置工作簿密码为"123456"，完成后保存并退出Excel。

	A	B	C	D	E	F	G	H
1	1月份费用明细数据							
2	日期	部门	费用科目	说明	金额			
3	2017/1/3	厂办	招待费		5000			
4	2017/1/3	生产车间	材料费		3000			
5	2017/1/5	销售科	宣传费	制作宣传画	480			
6	2017/1/5	行政办	办公费	购买打印纸	300			
7	2017/1/8	运输队	运输费	为郊区客户	680			
8	2017/1/8	库房	通讯费		200			
9	2017/1/15	财务部	通讯费		200			
10	2017/1/17	销售科	通讯费		1000			
11	2017/1/17	行政办	通讯费		200			
12	2017/1/18	厂办	通讯费		200			
13	2017/1/22	财务部	办公费	购买圆珠笔	50			
14	2017/1/26	生产车间	服装费	为员工定做	2000			
15	2017/1/26	运输队	通讯费	购买电话卡	200			
16	2017/1/28	销售科	宣传费	宣传	1290			
17	2017/1/29	厂办	招待费		1500			
18	2017/1/29	生产车间	材料费		2000			
19	2017/1/30	行政办	办公费	购买记事本	100			
20	2017/1/30	运输队	运输费	运输材料	400			

微课视频

制作"费用登记表"工作簿

图5-31 "费用登记表"工作簿效果

5.5 技巧提升

1. 利用【Shift】键快速移动整行或整列单元格

在工作表中移动行列数据时，大多数用户采用的方法是先插入一个空白列，再剪切要移动的数据，最后将其粘贴到空白列处。该方法不仅不方便，而且还容易出错。利用【Shift】键即可快速移动行列数据，方法为：选择需要移动的整列，将鼠标光标移至该列某一侧的边缘处，鼠标光标变成↖形状时，按住【Shift】键不放，拖动鼠标至目标位置，光标处将显示"A:A"字样，表示插入A列，先松开鼠标，再释放【Shift】键，便可完成该列数据的移动。用同样的方法还可进行某一行数据的移动操作。

2. 制作斜线表头

在Excel中绘制斜线表头的方法为：选择A1单元格，单击鼠标右键，在弹出的快捷菜单中选择"设置单元格格式"命令，在打开的"设置单元格格式"对话框中单击"对齐"选项卡，在"垂直对齐"下拉列表中选择"靠上"选项，在"文本控制"栏中单击选中"自动换行"复选框；单击"边框"选项卡，在"预置"栏中选择"外边框"选项，在"边框"栏中单击"向右倾斜斜线"按钮，单击"确定"按钮关闭对话框即可添加斜线表头。

CHAPTER 6

第6章
Excel 表格编辑与美化

情景导入

　　在熟悉Excel 2013的基础知识和基本操作后，老洪让米拉尝试着对表格进行编辑与美化，完善表格基本样式的制作，并以此编辑与制作产品报价单和客户资料管理表。

学习目标

- 掌握编辑"产品报价单"的方法。
  如工作表的基本操作、工作簿的基本操作和数据的基本操作。
- 掌握制作"客户资料管理表"的方法。
  如设置数据格式、美化工作表和预览并打印表格数据。

案例展示

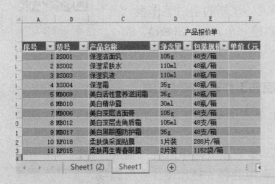

▲ "产品报价单"工作簿　　　　　　　　　　▲ "客户资料管理表"工作簿

6.1 课堂案例：制作"产品报价单"

一个完整的文档需要经过几次编辑加工而成，米拉尝试制作一个产品报价单，要完成本例的制作，需要掌握工作表、单元格和数据的基本操作。本例的参考效果如图6-1所示，下面具体讲解其制作方法。

素材所在位置	素材文件\第6章\产品报价单.xlsx、产品价格表.xlsx
效果所在位置	效果文件\第6章\产品报价单.xlsx

序号	货号	产品名称	净含量	包装规格	单价（元）	数量	总价（元）	备注
1	BS001	保湿洁面乳	105g	48支/箱	78			
2	BS002	保湿紧肤水	110ml	48瓶/箱	88			
3	BS003	保湿乳液	110ml	48瓶/箱	78			
4	BS004	保湿霜	35g	48瓶/箱	105			
5	MB009	美白活性营养滋润霜	35g	48瓶/箱	125			
6	MB010	美白精华露	30ml	48瓶/箱	128			
7	MB006	美白深层洁面膏	105g	48支/箱	66			
8	MB012	美白深层去角质霜	105ml	48支/箱	99			
9	MB017	美白黑眼圈防护霜	35g	48支/箱	138			
10	RF018	柔肤焕采面贴膜	1片装	288片/箱	20			
11	RF015	柔肤再生青春眼膜	2片装	1152袋/箱	10			

图6-1 "产品报价单"工作簿参考效果

6.1.1 工作表的基本操作

Excel中对工作表的基本操作包括插入与删除工作表、移动与复制工作表、隐藏与显示工作表、拆分工作表，以及冻结窗格，详细介绍如下。

1. 插入与删除工作表

新建Excel空白工作簿后，Excel工作簿中默认提供了一个工作表，但在实际操作中，用户可以根据需要插入更多工作表，或者删除工作表，其具体操作如下。

（1）打开素材文件"产品报价单.xlsx"，在"Sheet1"工作表的右侧单击"新工作表"按钮⊕，即可在右侧插入一个新的空白工作表，名称为"Sheet2"，再次单击，将再次创建一个名为"Sheet3"的空白工作表，如图6-2所示。

新建空白工作表的其他方法

在"Sheet1"工作表上单击鼠标右键，在弹出的快捷菜单中选择"插入"命令，打开"插入"对话框，在"常用"选项卡的列表框中选择"工作表"选项；或者在"单元格"组中单击"插入"按钮下方的下拉按钮，在弹出的下拉列表中选择"插入工作表"选项，都可快速插入空白工作表。

图6-2　插入工作表

（2）同时选择"Sheet2"和"Sheet3"工作表，在其上单击鼠标右键，在弹出的快捷菜单中选择"删除"命令。

（3）返回工作簿中可看到"Sheet2"和"Sheet3"工作表已被删除，如图6-3所示。

图6-3　删除工作表

2. 移动与复制工作表

在Excel中，工作表的位置并不是固定不变的，同时，为了避免重复制作相同的工作表，用户可根据需要移动或复制工作表，即在原表格的基础上改变表格位置或快速添加多个相同的表格，其具体操作如下。

微课视频

移动与复制工作表

（1）在"Sheet1"工作表上单击鼠标右键，在弹出的快捷菜单中选择"移动或复制"命令。

（2）打开"移动或复制工作表"对话框，在"下列选定工作表之前"列表框中选择移动工作表的位置，这里选择"移至最后"选项，然后单击选中"建立副本"复选框，完成后单击 确定 按钮即可复制"Sheet1"工作表，如图6-4所示。

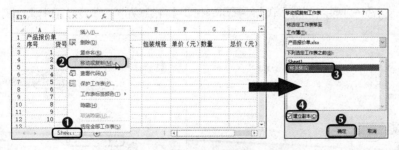

图6-4　设置移动位置与确定复制工作表

第 6 章　Excel 表格编辑与美化

97

（3）用相同的方法但不单击选中"建立副本"复选框，可将"Sheet1"移动至"Sheet1 (2)"工作表后，如图6-5所示。

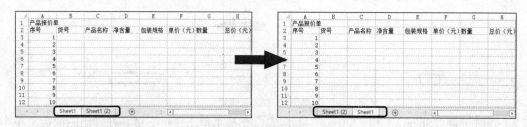

图6-5　移动工作表

移动工作表技巧

将鼠标光标移动到需移动或复制的工作表标签上，按住鼠标左键不放，复制工作表需同时按住【Ctrl】键，当鼠标光标变成🔍或🔍形状时，将其拖动到目标工作表之后，此时，工作表标签上有一个▼符号将随鼠标光标移动，释放鼠标后在目标工作表中可看到移动或复制的工作表。

重命名工作表

双击"Sheet1"工作表标签，或在"Sheet1"工作表标签上单击鼠标右键，在弹出的快捷菜单中选择"重命名"命令，此时工作表标签呈可编辑状态，输入修改后的名称，按【Enter】键即可。

3. 隐藏与显示工作表

在工作簿中，当不需要显示某个工作表时，可将其隐藏，待需要时再将其重新显示出来，其具体操作如下。

（1）选择"Sheet1 (2)"工作表，然后在其上单击鼠标右键，在弹出的快捷菜单中选择"隐藏"命令，即可隐藏所选的工作表，如图6-6所示。

（2）当需再次将其显示出来时，可在工作簿的任意工作表上单击鼠标右键，在弹出的快捷菜单中选择"取消隐藏"命令。

（3）打开"取消隐藏"对话框，在列表框中选择需显示的工作表，这里选择"Sheet1 (2)"工作表，如图6-7所示，然后单击 确定 按钮即可将隐藏的工作表显示出来。

微课视频

隐藏与显示工作表

图6-6　隐藏工作表

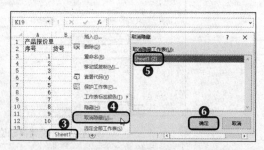

图6-7　显示工作表

设置工作表标准颜色

为了让工作表标签更美观醒目，可设置工作表标签的颜色在工作表上，其操作方法为：单击鼠标右键，在弹出的快捷菜单中选择【工作表标签颜色】/【红色，强调文字颜色2】菜单命令。

4. 拆分工作表

在Excel中可以使用拆分工作表的方法将工作表拆分为多个窗格，每个窗格中都可进行单独的操作，这样有利于在数据量比较大的工作表中查看数据的前后对照关系。要拆分工作表首先应选择作为拆分中心的单元格，然后执行拆分命令即可，其具体操作如下。

微课视频

拆分工作表

（1）在"Sheet1 (2)"工作表中选择B3单元格，然后在【视图】/【窗口】组中单击"拆分"按钮。

（2）此时，工作簿将以B3单元格为中心拆分为4个窗格，在任意一个窗口中选择单元格，然后滚动鼠标滚轴可显示出工作表中的其他数据，如图6-8所示。

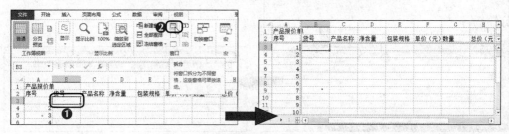

图6-8　拆分工作表

5. 冻结窗格

在数据量比较大的工作表中，为了方便查看表头与数据的对应关系，可通过冻结工作表窗格随意查看工作表的其他部分而不移动表头所在的行或列，其具体操作如下。

微课视频

冻结窗格

（1）在"Sheet1 (2)"工作表中选择A2单元格作为冻结中心，然后在【视图】/【窗口】组中单击冻结窗格按钮，在弹出的下拉列表中选择"冻结拆分窗格"选项。

（2）返回工作表中将保持A2单元格上方和左侧的行和列位置不变，拖动水平滚动条或垂直滚动条，即可查看工作表的其他部分而不移动设置的表头所在的行或列，如图6-9所示。

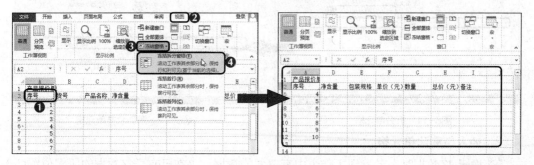

图6-9　冻结窗格

99

6.1.2 单元格的基本操作

Excel中对单元格的基本操作包括合并与拆分单元格、插入与删除单元格、隐藏与显示单元格，以及调整单元格行高与列宽，详细介绍如下。

1. 合并与拆分单元格

为了使表格更加美观和专业，常常需要合并与拆分单元格，如将工作表首行的多个单元格合并以突出显示工作表的标题；若合并后的单元格不满足要求，则可拆分合并的单元格，其具体操作如下。

微课视频

合并与拆分单元格

（1）在"Sheet1"工作表中选择A1:G1单元格区域，在【开始】/【对齐方式】组中单击 合并后居中 按钮或单击该按钮右侧的下拉按钮，在弹出的下拉列表中选择"合并后居中"选项。

（2）返回工作表中可看到所选的单元格区域合并为一个单元格，且其中的数据自动居中显示，如图6-10所示。

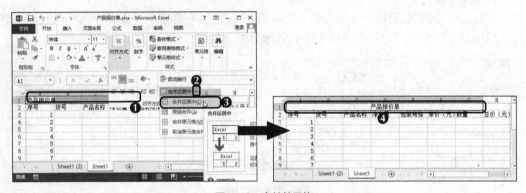

图6-10 合并单元格

（3）选择合并后的A1单元格，再次单击"合并后居中"按钮 或单击该按钮右侧的下拉按钮，在弹出的下拉列表中选择"取消单元格合并"选项，即可拆分已合并的单元格，如图6-11所示。

（4）重新选择A1:I1单元格区域，然后单击"合并后居中"按钮 ，将所选的单元格区域合并为一个单元格，且其中的数据自动居中显示，如图6-12所示。

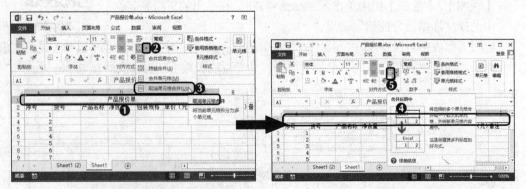

图6-11 拆分单元格　　　　图6-12 重新合并单元格

2. 插入与删除单元格

在编辑表格数据时，若发现工作表中有遗漏的数据，可在已有表格数据的所需位置插入新的单元格、行或列并输入数据；若发现有多余的单元格、行或列，则可将其删除。插入单元格的方法与删除单元格的方法相似，其具体操作如下。

（1）单击选择A7单元格，在【开始】/【单元格】组中单击"插入"按钮下方的下拉按钮，在弹出的下拉列表中选择"插入单元格"选项。

（2）打开"插入"对话框，在其中单击选中"活动单元格下移"单选项，单击 确定 按钮，插入单元格区域后，同一列中的其他单元格将向下移动，如图6-13所示。

微课视频

插入与删除单元格

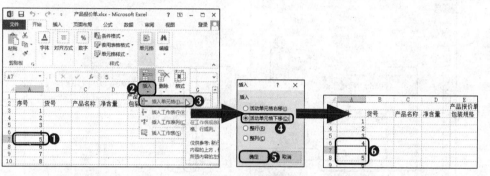

图6-13　插入单元格

插入行和列

在"单元格"组中单击"插入"按钮下方的下拉按钮，在弹出的下拉列表中选择"插入工作表行"或"插入工作表列"选项，或在"插入"对话框中单击选中"整行"或"整列"单选项，可分别插入行或列，且原单元格位置后的数据自动下移一行或右移一列。

（3）选择A7单元格，在"单元格"组中单击"删除"按钮下方的下拉按钮，在弹出的下拉列表中选择"删除单元格"选项。

（4）打开"删除"对话框，在其中单击选中"下方单元格上移"单选项，单击 确定 按钮即可删除单元格区域，如图6-14所示。

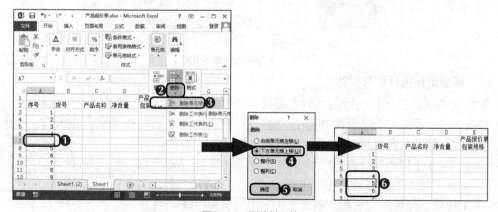

图6-14　删除单元格

3. 隐藏与显示单元格

在Excel表格中，当不需要显示或不想让他人看见表格中某行或某列的数据时，可以将其隐藏起来，待需要时再将其重新显示出来，其具体操作如下。

微课视频

隐藏与显示单元格

（1）选择B列，在【开始】/【单元格】组中单击"格式"按钮，在弹出的下拉列表中选择【隐藏和取消隐藏】/【隐藏列】选项。

（2）返回工作表中可看到所选的列已被隐藏，如图6-15所示。

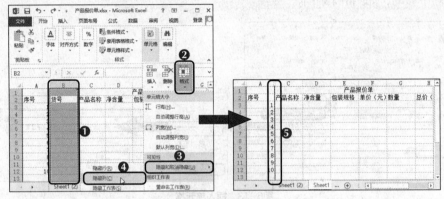

图6-15　隐藏列

（3）当需要将隐藏的列显示出来时，可选择隐藏的B列两旁的A~C列，在"单元格"组中单击格式按钮，在弹出的下拉列表中选择【隐藏和取消隐藏】/【取消隐藏列】选项，如图6-16所示。

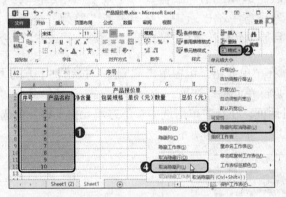

图6-16　将隐藏的列显示出来

4. 调整单元格行高与列宽

默认状态下，单元格的行高和列宽是固定不变的，但是当单元格中的数据太多而不能完全显示其内容时，则需要调整单元格的行高或列宽，使其符合单元格内容的大小显示，其具体操作如下。

微课视频

调整单元格行高与列宽

（1）按住【Ctrl】键的同时选择F列和H列，在【开始】/【单元格】组中单击"格式"按钮，在弹出的下拉列表中选择"自动调整列宽"选项，如图6-17所示。返回工作表中可看到F和H列变宽。

（2）将鼠标光标移到第1行行号间的间隔线上，且鼠标光标变为╬形状

Office 2013办公软件高级应用立体化教程（微课版）

时，按住鼠标左键不放向下拖动，此时鼠标光标右侧将显示具体的数据，待拖动至合适的距离后释放鼠标，可看到第1行变高，如图6-18所示。

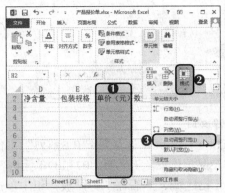
图6-17　自动调整列宽

图6-18　使用鼠标拖动调整行高

（3）选择第2行~第12行，在【开始】/【单元格】组中单击"格式"按钮，在弹出的下拉列表中选择"行高"选项。

（4）打开"行高"对话框，在"行高"数值框中输入数字"15"，单击 按钮，在工作表中可看到第2行~第12行变高了，如图6-19所示。

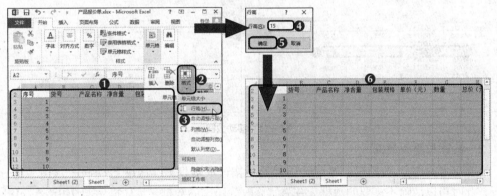
图6-19　通过对话框调整单元格行高

6.1.3　数据的基本操作

Excel中对数据的基本操作包括移动与复制数据、清除与修改数据、查找与替换数据等。

1. 移动与复制数据

当需要调整单元格中相应数据之间的位置，或在其他单元格中编辑相同的数据时，可利用Excel提供的移动与复制功能快速修改数据，提高工作效率，其具体操作如下。

微课视频
移动与复制数据

（1）打开素材文件"产品价格表.xlsx"，在"BS系列"工作表中选择A3:E6单元格区域，然后在【开始】/【剪贴板】组中单击"复制"按钮。

（2）在"产品报价单"工作簿中选择B3单元格，然后单击"剪贴板"组中的"粘贴"按钮完成数据的复制，如图6-20所示。

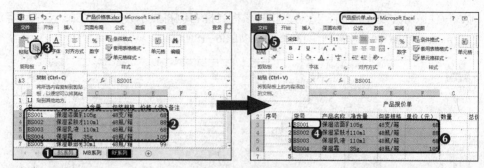

图6-20 复制数据

（3）用相同的方法将"MB系列"工作表的A11:E12单元格区域和"RF系列"工作表的
A17:E20单元格区域中的数据分别复制到"产品报价单"工作簿的B7和B9单元格。

（4）在"产品报价单"工作簿中选择B9:F9单元格区域，然后在"剪贴板"组中单击"剪
切"按钮。接着选择B13单元格，在"剪贴板"组中单击"粘贴"按钮完成数据的
移动，如图6-21所示。

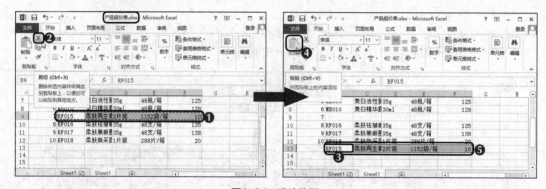

图6-21 移动数据

2. 清除与修改数据

在单元格中输入数据后，难免会出现输入错误或数据发生改变等
情况，此时可以清除不需要的数据，并将其修改为所需的数据，具体操
作如下。

微课视频

清除与修改数据

（1）在产品报价单的A13单元格中输入数据"11"，然后将"产品价
格表"工作簿的"MB系列"工作表的A8:E8单元格区域中的数据
复制到"产品报价单"工作簿的B9:F9单元格区域中。

（2）选择B10:F10单元格区域，在【开始】/【编辑】组中单击 清除 按钮，在弹出的下拉列
表中选择"清除内容"选项。

（3）返回工作表中可看到所选单元格区域中的数据已被清除，如图6-22所示。

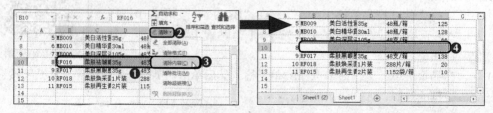

图6-22 清除数据

（4）将"产品价格表"工作簿的"MB系列"工作表的A14:E14单元格区域中的数据复制到"产品报价单"工作簿的B10:F10单元格区域中，然后双击B11单元格，选择其中的"RF"文本，直接输入"MB"文本后按【Ctrl+Enter】组合键，即可修改所选的数据，如图6-23所示。

（5）选择C11单元格，在编辑栏中选择"柔肤"文本，然后输入"美白"文本，完成后按【Ctrl+Enter】组合键也可实现数据的修改，如图6-24所示。

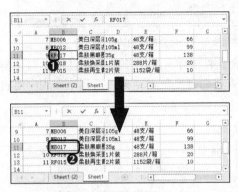

图6-23　双击单元格修改数据

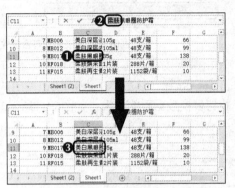

图6-24　在编辑栏中修改数据

3. 查找与替换数据

在Excel表格中手动查找与替换某个数据将非常麻烦，且容易出错，此时可利用查找与替换功能快速定位到满足查找条件的单元格，并将单元格中的数据替换为需要的数据，其具体操作如下。

微课视频

查找与替换数据

（1）在"产品报价单"中选择A1单元格，在【开始】/【编辑】组中单击"查找和选择"按钮，在弹出的下拉列表中选择"查找"选项。

（2）打开"查找和替换"对话框，单击"替换"选项卡，在"查找内容"文本框中输入数据"68"，在"替换为"文本框中输入数据"78"，然后单击 查找下一个(F) 按钮，在工作表中将查找到第一个符合条件的数据所在的单元格，并选择该单元格，如图6-25所示。

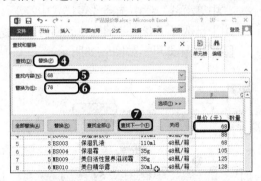

图6-25　设置查找与替换条件

（3）单击 查找全部(I) 按钮，在"查找和替换"对话框的下方区域将显示所有符合条件数据的具体信息。

（4）单击 替换(R) 按钮，在工作表中将替换选择的第一个符合条件的单元格数据，且自动选择下一个符合条件的单元格，如图6-26所示。

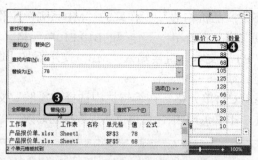

图6-26　查找所有符合条件并替换第一个符合条件的数据

（5）单击 全部替换(A) 按钮，在工作表中替换所有符合条件的单元格数据，且打开提示对话框，单击 确定 按钮，然后单击 关闭 按钮关闭"查找和替换"对话框，返回工作表中可看到查找与替换数据后的效果，如图6-27所示。

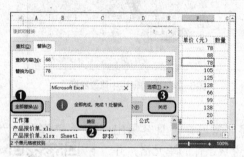
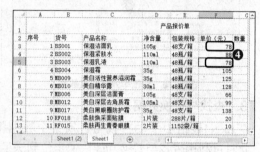

图6-27　替换所有符合条件的数据

4. 套用表格格式

利用自动套用工作表格式功能直接调用系统中已设置好的表格格式，这样不仅可以提高工作效率，还可以保证表格格式的质量，其具体操作如下。

微课视频

套用表格格式

（1）在"产品报价单"中选择A2:I13单元格区域，在【开始】/【样式】组中单击"套用表格格式"按钮，在弹出的下拉列表的"中等深浅"栏中选择"表样式中等深浅10"选项。

（2）由于已选择了套用范围的单元格区域，这里只需在打开的"套用表格式"对话框中单击 确定 按钮即可，如图6-28所示。

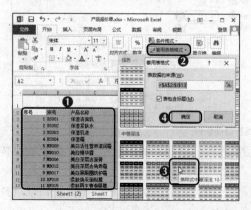
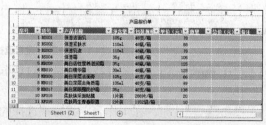

图6-28　套用表格格式

6.2　课堂案例：制作"客户资料管理表"

老洪整理了一份公司的客户资料管理表，但没有设置任何的格式，他准备交给米拉进行格式上的美化，并将其打印出来。要完成本例的制作，需掌握表格的各种格式设置方法，以及打印工作簿的方法等。本例的参考效果如图6-29所示，下面具体讲解其制作方法。

素材所在位置　素材文件\第6章\客户资料管理表.xlsx、背景.jpg
效果所在位置　效果文件\第6章\客户资料管理表.xlsx

图 6-29　"客户资料管理表"工作簿参考效果

6.2.1　设置数据格式

Excel中的数据格式包括"货币""数值""会计专用""日期""百分比""分数"等类型，用户可根据需要设置所需的数据格式，其具体操作如下。

（1）打开素材文件"客户资料管理表.xlsx"，选择F3:F17单元格区域，在【开始】/【数字】组右下角单击"对话框启动器"按钮。

（2）打开"设置单元格格式"对话框，在"数字"选项卡的"分类"列表框中选择"日期"选项，在"类型"下拉列表框中选择"2012年3月14日"选项，单击 确定 按钮，如图6-30所示。

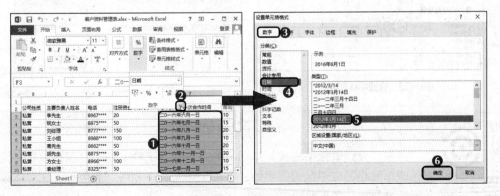

图6-30　设置日期格式

（3）选择E3:E17和G3:G17单元格区域，在【开始】/【数字】组中单击"数字格式"文本框右侧的下拉按钮，在弹出的下拉列表中选择"货币"选项。返回工作表中可看到所选区域的数据格式变成了货币类型，如图6-31所示。

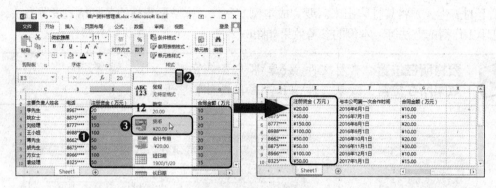

图6-31　设置货币格式

6.2.2　美化工作表

工作表也可以如Word文档一样进行美化操作，如设置字体格式、对齐方式、边框和底纹以及工作表背景等。通过这些美化操作，可使表格中的数据层次更分明，数据更清晰。

1.　设置字体格式

在Excel中设置字体格式主要包括设置所选区域的字体、字号、字形、字体颜色等，其具体操作如下。

微课视频

设置字体格式

（1）选择A1单元格，在【开始】/【字体】组中设置字符格式为"方正兰亭粗黑简体，18"，如图6-32所示。

（2）在"字体"组的右下角单击"对话框启动器"按钮，在打开的"设置单元格格式"对话框的"字体"选项卡的"下划线"下拉列表框中选择"会计用双下划线"选项，单击 确定 按钮，如图6-33所示。

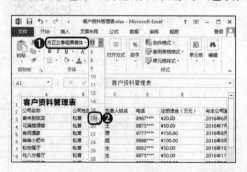

图6-32　设置字体和字号

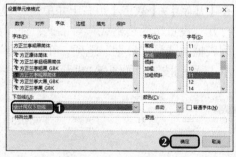

图6-33　设置下划线

知识提示

下划线使用技巧

在"设置单元格格式"对话框的"字体"选项卡中不仅可以设置单元格或单元格区域中数据的字体、字形、字号、下划线、颜色等，还可以设置特殊效果，如删除线、上标、下标。

（3）选择A2:G2单元格区域，在"字体"组设置其字符格式为"方正中等线简体、12、加粗"，单击"文字颜色"按钮 **A** 右侧的下拉按钮，在弹出的下拉列表的"标准色"栏中选择"深蓝"选项，完成后的效果如图6-34所示。

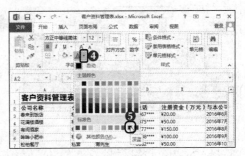

图6-34　设置字符格式

2.　设置对齐方式

　　默认情况下，Excel表格中的文本为左对齐，数字为右对齐。为了使工作表中的数据对齐更美观，可设置数据的对齐方式，如左对齐、居中、右对齐等，其具体操作如下。

微课视频

设置对齐方式

（1）选择A1:G17单元格区域，在【开始】/【对齐方式】组中单击"居中"按钮 ≡，使所选区域的数据居中显示。

（2）接着在"对齐方式"组中单击"垂直居中"按钮 ≡，使所选区域的数据垂直居中，完成后的效果如图6-35所示。

图6-35　设置居中对齐

3.　设置边框与底纹

　　为使制作的表格轮廓更加清晰，更具层次感，可设置单元格的边框与底纹，其具体操作如下。

微课视频

设置边框与底纹

（1）选择A2:G17单元格区域，在【开始】/【字体】组中单击 ⊞ 按钮右侧的 ▼ 按钮，在弹出的下拉列表中选择"其他边框"选项。

（2）打开"设置单元格格式"对话框，在"边框"选项卡的"样式"列表框中选择"———"选项，在"预置"栏中单击"外边框"按钮 ⊞，继续在"样式"列表框中选择"-------"选项，在"预置"栏中单击"内部"按钮 ⊞，完成后单击 确定 按钮，如图6-36所示。

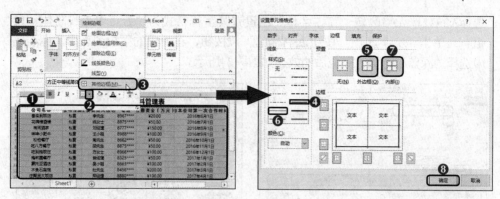

图6-36　设置边框

（3）选择A2:G2单元格区域，在"字体"组中单击 ✎ 按钮右侧的下拉按钮，在弹出的下拉列表的"主题颜色"栏中选择"橙色，着色2"选项，返回工作表中可看到设置边框与底纹后的效果，如图6-37所示。

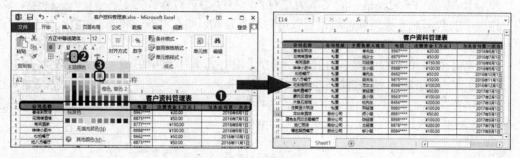

图6-37　设置底纹

4. 设置工作表背景

默认情况下，Excel工作表中的数据呈白底黑字显示。为使工作表更美观，除了为其填充颜色外，还可插入喜欢的图片作为背景，具体操作如下。

微课视频

设置工作表背景

（1）在【页面布局】/【页面设置】组中单击 🖼 背景按钮，打开"插入图片"窗口，在"从文件"栏中单击"浏览"链接。

（2）打开"工作表背景"对话框，在左上角的下拉列表框中选择背景图片的保存路径，接着在中间区域选择"背景.jpg"图片，然后单击 插入(S) 按钮，如图6-38所示。

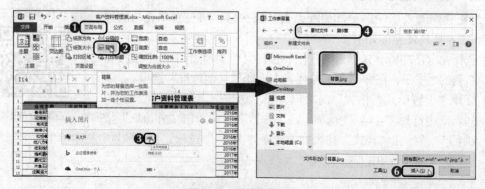

图6-38　选择背景图片

（3）返回工作表中可看到将图片设置为工作表背景后的效果，如图6-39所示。

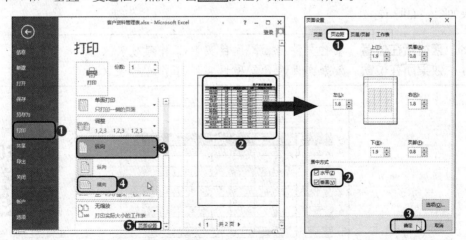

图6-39　设置工作表背景效果

6.2.3　预览并打印表格数据

在打印表格前需先预览打印效果，对表格内容的设置满意后，开始打印。在Excel中，根据打印内容的不同，可分为两种情况：一是打印整个工作表，二是打印区域数据。

1. 打印整个工作表

选择需打印的工作表，预览其打印效果后，若对其表格内容和页面设置不满意，可重新进行设置，如设置纸张方向、纸张页边距等，直至设置满意后再打印，其具体操作如下。

微课视频

打印整个工作表

（1）选择【文件】/【打印】菜单命令，在窗口右侧预览工作表的打印效果，在窗口中间列表框的"设置"栏的"纵向"下拉列表框中选择"横向"选项设置纸张方向，再在窗口中间列表框的下方单击 页面设置 超链接，如图6-40所示。

（2）打开"页面设置"对话框，单击"页边距"选项卡，在"居中方式"栏中单击选中"水平"和"垂直"复选框，然后单击 确定 按钮，如图6-41所示。

图6-40　预览打印效果并设置纸张方向　　　　图6-41　设置页边距

（3）返回工作簿的打印窗口，在窗口中间的"打印"栏的"份数"数值框中设置打印份数，这里设置打印份数为"5"，且设置的效果满意后即可单击"打印"按钮🖶打印表格。

2. 打印区域数据

当只需打印表格中的部分数据时，可通过设置工作表的打印区域打印表格数据，其具体操作如下。

（1）选择需打印的单元格区域，在【页面布局】/【页面设置】组中单击 打印区域·按钮，在弹出的下拉列表中选择"设置打印区域"选项，所选区域四周将出现灰线框，表示该区域将被打印。

（2）选择【文件】/【打印】菜单命令，单击"打印"按钮 即可，如图6-42所示。

微课视频

打印区域数据

图6-42　设置并打印区域数据

6.3　项目实训

6.3.1　编辑"工作考核表"工作簿

1. 实训目标

本实训需要在已有的工作表中编辑数据，如合并单元格、修改数据、查找和替换数据等，然后设置字体格式、对齐方式、数字格式等，完成后套用表格格式。本实训完成后的参考效果如图6-43所示。

素材所在位置　素材文件\第6章\项目实训\工作考核表.xlsx
效果所在位置　效果文件\第6章\项目实训\工作考核表.xlsx

	A	B	C	D	E
1	季度考核记录表				
2	编号	姓名	工作能力	团队能力	领导能力
3	001	张伟杰	62	95	82
4	002	罗玉林	76	60	68
5	003	宋科	98	88	68
6	004	张婷	51	64	60
7	005	王晓涵	80	73	56
8	006	宋丹	94	52	55
9	007	张嘉轩	96	82	82
10	008	李琼	88	70	50
11	009	赵子俊	60	85	61
12	010	陈锐	81	77	83
13	011	杜海强	72	99	76
14	012	周晓梅	66	85	86
15					

微课视频

编辑"工作考核表"
工作簿

图6-43　"工作考核表"工作簿效果

2．专业背景

工作考核表是公司为了监督员工，并督促员工进步而制作的一种表格，常常用于在一段时间或一个项目内对员工进行考核，以考察员工的工作态度和工作情况。

3．操作思路

完成本实训需在提供的素材文件中编辑表格数据，如合并单元格、删除行、修改数据、查找和替换数据等，然后设置字体格式、对齐方式，以及设置数字格式等，完成后直接套用表格格式，其操作思路如图6-44所示。

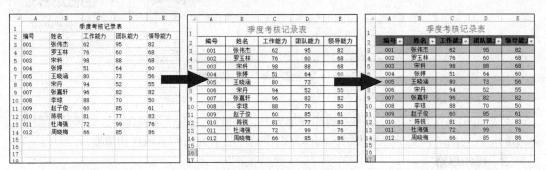

①编辑并设置数据格式　　　②设置字体格式与对齐方式　　　③套用表格格式

图6-44　"工作考核表"工作簿制作思路

【步骤提示】

（1）打开素材文件"工作考核表.xlsx"，合并A1:E1单元格区域。

（2）选择A3:A14单元格区域，在"设置单元格格式"对话框的"数字"选项卡中自定义序号的格式为"000"。

（3）在第11行下方新建一行，剪切A8:E8单元格区域中的数据，将其插入到新建的空白行，并删除剪切后的空白行，然后查找数据"技能"，并将其替换为"能力"。

（4）选择A1单元格，设置字符格式为"方正大黑简体，16，蓝色"；选择A2:E2单元格区域，设置字符格式为"方正黑体简体，12"；然后选择A2:E14单元格区域，设置对齐方式为"居中"，边框为"所有框线"。完成后重新调整单元格第1行和第2行的行高，分别为"36像素"和"24像素"。

（5）选择A2:E14单元格区域，套用表格格式"表样式中等深浅16"，完成后保存工作簿。

6.3.2　设置"外勤报销单"工作簿

1．实训目标

本实训的目标是美化"外勤报销单"工作簿，要完成工作簿的美化操作，需先设置合适的字体格式、对齐方式和边框底纹，并编辑数据格式，完善表格内容和样式。本实训完成后的参考效果如图6-45所示。

素材所在位置　素材文件\第6章\项目实训\外勤报销单.xlsx

效果所在位置　效果文件\第6章\项目实训\外勤报销单.xlsx

图6-45 "外勤报销单"工作簿效果

2. 专业背景

外勤报销单是员工因公司事务前往外地出差，因此产生的一系列费用，并将所有费用以表单的形式列出来，交予公司报销。制作外勤报销单要求列出的事项详细清晰。

3. 操作思路

完成本实训需要在工作簿中合并单元格，设置字体格式、数据格式、对齐方式以及边框与底纹，其操作思路如图6-46所示。

①设置边框与底纹　　②设置对齐方式、字体格式与行间距　　③设置数据格式

图6-46 "外勤报销单"工作簿的制作思路

【步骤提示】

（1）打开素材文件"外勤报销单.xlsx"，选择B2:G13单元格区域，设置填充颜色为"绿色，着色6，淡色80%"。设置外边框为双线，颜色为浅绿；设置内框线为点虚线，颜色为绿色。

（2）选择B2:G2单元格区域，设置对齐方式为"合并后居中"，为B5:C5、B6:C6、B7:C7、B8:C8、B9:C9、B10:C10、B11:C11、E3:G3、E4:G4、E5:G5、E6:G11和C12:G12单元格区域设置相同的对齐方式；选择B2:G13单元格区域，在"对齐方式"组中单击两次"居中"按钮三。

（3）将B2单元格的字符格式设置为"宋体，20"，填充颜色设置为"浅绿"，并调整行高；选择B3:G13单元格区域，设置其字体为"微软雅黑"。

（4）选择D6:D10单元格区域，在"数字"组中设置其数字格式为"货币"。

6.4 课后练习

本章主要介绍了编辑表格数据和设置表格格式的操作方法，包括合并与拆分单元格、移动与复制数据、查找和替换数据、套用表格格式、设置字体格式、设置数字格式、设置边框与底纹、设置工作表背景等知识，读者应加强该部分内容的练习与应用。

练习1：编辑"材料领用明细表"工作簿

本练习要求编辑"材料领用明细表.xlsx"工作簿，在其中替换数据、合并单元格、调整行高和列宽，并设置边框和底纹。参考效果如图6-47所示。

素材所在位置 素材文件\第6章\课后练习\材料领用明细表.xlsx
效果所在位置 效果文件\第6章\课后练习\材料领用明细表.xlsx

要求操作如下。

● 打开素材工作簿，将文本"淡黄色"替换为"白色"，合并 1~4行中的部分单元格，并调整行高和列宽。

● 为表格应用单元格格式，并设置边框和单元格底纹（注意：这里设置单元格底纹有两种方法，一种是设置单元格样式，另一种是设置单元格的填充颜色）。

● 为部分数据设置淡红色底纹和红色字体颜色，突出显示单元格。

微课视频

编辑"材料领用明细表"工作簿

115

材料领用明细表										
领料单号	材料号	材料名称及规格	领用部门						合计	领料人	签批人
			生产一车间		生产二车间		生产三车间				
			颜色	数量	颜色	数量	颜色	数量			
YF-L0610	C-001	棉布100%，130g/m2，2*2罗纹	白色	30	粉色	33	浅黄色	37	100	李波	樊林
YF-L0611	C-002	全棉100%，160g/m2，1*1罗纹	粉色	50	浅绿色	40	酸橙色	47	137	李波	樊林
YF-L0612	C-003	羊毛10%，涤纶90%，140g/m2，起毛布1-4	鲜绿色	46	蓝色	71	白色	64	181	刘松	樊林
YF-L0613	C-004	全棉100%，190g/m2，提花布1-1	红色	40	紫罗兰	36	青色	55	131	刘松	樊林
YF-L0614	C-005	棉100%，170g/m2，提花空气层	玫瑰红	80	白色	44	粉色	20	144	刘松	樊林
YF-L0615	C-006	棉100%，180g/m2，安纶双面布	淡紫色	77	淡蓝色	56	青绿色	39	172	李波	樊林
YF-L0616	C-007	棉100%，160g/m2，抽条棉毛	天蓝色	32	橙色	43	水绿色	64	139	李波	樊林

图6-47 "材料领用明细表"工作簿效果

练习2：设置"通讯录"工作簿

本练习要求美化"通讯录.xlsx"工作簿，为其设置字体格式、数据格式、对齐方式、边框与底纹，以及背景。参考效果如图6-48所示。

素材所在位置 素材文件\第6章\课后练习\通讯录.xlsx、背景2.jpg
效果所在位置 效果文件\第6章\课后练习\通讯录.xlsx

要求操作如下。

● 合并A1:F1单元格区域，设置标题的字体格式为"华文琥珀，18"，然后设置A2:F2单元格区域的字体格式为"方正大黑简体，倾斜，白色"，填充颜色为"蓝色"。

● 选择A3:A15单元格区域，设置自定义数字的序号格式为"000"，然后选择A2:F15单元格区域，设置对齐方式为"居中"，将边框样式先设置为"所有框线"，再将外边框设置为"粗匣框线"。

● 完成后自动调整单元格的列宽，并将"背景2.jpg"图片设置为工作表背景。

	A	B	C	D	E	F
1				通讯录		
2	编号	姓名	性别	联系地址	联系方式	电子邮件
3	001	蒋坚	男	绵阳市幸福大街26号	1382649****	JJ1001@163.com
4	002	刘建国	男	成都市马家花园4楼202室	1380869****	LJG1002@163.com
5	003	周秀萍	女	成都市玉林北路16号	1379577****	ZXP1003@163.com
6	004	李海涛	男	北京市海淀区解放路82号	1379577****	LHT1004@163.com
7	005	赵倩	女	德阳市四威大厦A座B座	1377818****	ZHQ1005@163.com
8	006	谢俊	男	上海市闸北区共和新路海文大楼	1377817****	XJ1006@163.com
9	007	王涛	男	北京市海淀区长春桥路	1370569****	WT1007@163.com
10	008	孙丽娟	女	成都市第三军区医院	1594689****	SLJ1008@163.com
11	009	王英	女	重庆市长江滨江路8号	1592569****	WY1009@163.com
12	010	高小华	男	广州市中环西路100号	1325596****	GXH1010@163.com
13	011	张丽	女	北京市海淀区解放路67号	1398523****	ZL1011@163.com

图6-48 "通讯录"工作簿效果

微课视频

设置"通讯录"工作簿

6.5 技巧提升

1．为单元格区域定义名称

进行复杂的计算或引用时，通常可以为相关的单元格定义名称，然后再使用，这样可以减少错误率。定义单元格名称可通过"新建名称"对话框来实现。其操作方法为：按住【Ctrl】键，选择需要定义名称的单元格区域，在【公式】/【定义的名称】组中单击"定义名称"按钮，打开"新建名称"对话框，在"名称"文本框中输入要定义的名称，单击 确定 按钮关闭对话框，之后在应用时即可直接使用定义的名称来选择单元格区域。

2．跨工作簿间的数据复制粘贴

跨工作簿间数据的复制粘贴操作方法与普通的复制粘贴一致，但需要注意的是，跨工作表复制粘贴存在着格式的不同，以及若存在着公式，是否应用公式的问题，此时可通过单击鼠标右键，在弹出的快捷菜单"选择性粘贴"栏中选择相应的粘贴选项，并预览粘贴效果。

3．打印页面设置技巧

在"页面设置"对话框中单击"工作表"选项卡，在其中可设置打印区域或打印标题等内容，然后单击 确定 按钮返回工作簿的打印窗口，单击"打印"按钮🖶可只打印设置的区域数据。

CHAPTER 7

第 7 章
计算与管理数据

情景导入

公司其他部门发来了一些销售和财务等资料，希望老洪的部门将其整理为完善的表格，老洪见米拉Excel操作得很好，决定交予米拉制作，以便让米拉学习Excel中数据的计算与管理。

学习目标

● 掌握计算"产品销售数据表"的方法。

　　如输入与编辑公式、引用单元格、函数的基本操作、常用函数的种类。

● 掌握管理"销售统计表"的方法。

　　如数据排序、数据筛选、设置条件格式和分类汇总。

案例展示

▲ "产品销售数据表"工作簿

▲ "销售统计表"工作簿

7.1 课堂案例：制作"产品销售数据表"

为帮助销售部门了解销售人员本月的销售情况，制定下月的销售计划，米拉准备在"产品销售数据表"工作簿中计算产品销售数据。制作这类表格时，为准确地分析销售数据，可使用公式计算出相应的数据。本例的参考效果如图7-1所示，下面具体讲解其制作方法。

 素材所在位置 素材文件\第7章\产品销售数据表.xlsx
效果所在位置 效果文件\第7章\产品销售数据表.xlsx

	单价（元）	销售数量	销售总额（元）	销量排名	业绩提成
产品销售数据表					
1					
3	¥ 7,098.00	8	¥ 56,784.00	6	¥2,839.20
4	¥ 4,299.00	12	¥ 51,588.00	3	¥2,579.40
5	¥ 2,888.00	6	¥ 17,328.00	7	¥ 519.84
6	¥ 11,860.00	4	¥ 47,440.00	9	¥1,423.20
7	¥ 5,258.00	10	¥ 52,580.00	4	¥2,629.00
8	¥ 3,328.00	2	¥ 6,656.00	10	¥ 199.68
9	¥ 6,529.00	9	¥ 58,761.00	5	¥2,938.05
10	¥ 2,329.00	16	¥ 37,264.00	1	¥1,117.92
11	¥ 7,438.00	6	¥ 44,628.00	8	¥1,338.84
12	¥ 3,562.00	15	¥ 53,430.00	2	¥2,671.50
13		88	¥ 426,459.00		

图 7-1 "产品销售数据表"工作簿参考效果

7.1.1 输入与编辑公式

当表格中需要计算一个简单的数据时，用户可直接在单元格或编辑栏中输入公式，引用相应单元格进行运算。在输入公式后可进行编辑，如复制公式，复制公式是快速计算同类数据的最佳方法，因为在复制公式的过程中，Excel会自动改变引用单元格的地址，可避免手动输入公式内容的麻烦，提高工作效率，其具体操作如下。

微课视频

输入与编辑公式

（1）打开素材文件"产品销售数据表.xlsx"，选择E3单元格，输入等号"="，然后选择C3单元格引用其中的数据，并输入运算符"*"，将其作为公式表达式中的部分元素，继续选择D3单元格引用其中的数据。

（2）按【Ctrl+Enter】组合键，在E3单元格中将显示公式的计算结果，在编辑栏中将显示公式的表达式，如图7-2所示。

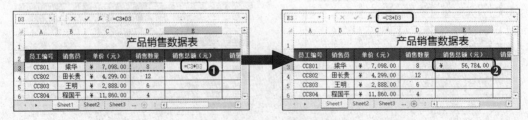

图7-2 输入公式计算出结果

输入公式的技巧

熟悉公式的使用后，用户可直接选择所需的单元格区域输入公式，如这里可直接选择E3:E12单元格区域，在编辑栏中输入公式"=C3*D3"，然后按【Ctrl+Enter】组合键在所选的单元格区域中快速复制公式并计算出结果。

（3）选择E3单元格，将鼠标光标移到该单元格右下角的控制柄上，当鼠标光标变成+形状时，按住鼠标左键不放，将其拖动到E12单元格。

（4）释放鼠标，在E3:E12单元格区域中将计算出结果，如图7-3所示。

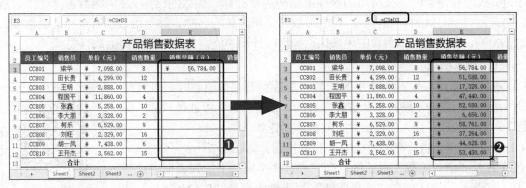

图7-3　通过拖动控制柄复制公式

7.1.2　引用单元格

在编辑公式时经常需要对单元格地址进行引用，一个引用地址代表工作表中一个或多个单元格或单元格区域。单元格和单元格区域引用的作用在于标识工作表上的单元格或单元格区域，并指明公式中所使用的数据地址。一般情况下，单元格的引用分为相对引用、绝对引用、混合引用。

- **相对引用：**指相对于公式单元格位于某一位置处的单元格引用。在相对引用中，当复制相对引用的公式时，被粘贴公式中的引用将被更新，并指向与当前公式位置相对应的其他单元格。默认情况下，Excel使用的是相对引用，如图7-4所示。
- **绝对引用：**指把公式复制或移动到新位置后，公式中的单元格地址保持不变。利用绝对引用时，引用单元格的列标和行号之前分别加入了符号"$"。如果在复制公式时不希望引用的地址发生改变，则应使用绝对引用，如图7-5所示。
- **混合引用：**指在一个单元格地址引用中，既有绝对引用，又有相对引用。如果公式所在单元格的位置改变，则绝对引用不变，相对引用改变，如图7-6所示。

图7-4　相对引用

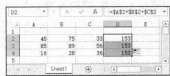

图7-5　绝对引用

图7-6　混合引用

切换引用的快捷方法

在引用单元格地址前后按【F4】键可以在相对引用与绝对引用之间切换，如将鼠标光标定位到公式"=A1+A2"中的A1元素的前后，然后第1次按【F4】键变为"A1"，第2次按【F4】键变为"A$1"，第3次按【F4】键变为"$A1"，第4次按【F4】键变为"A1"。

7.1.3 函数的基本操作

函数是Excel预定义的特殊公式，它是一种在需要时直接调用的表达式，通过使用一些称为参数的特定数值来按特定的顺序或结构进行计算。函数的结构为：=函数名(参数1,参数2,…)，如"=SUM(H4:H24)"，其中函数名是指函数的名称，每个函数都有唯一的函数名，如SUM等；参数则是指函数中用来执行操作或计算的值，参数的类型与函数有关。

1. 输入函数

在工作表中，当对所使用的函数和参数类型都很熟悉时，可直接输入函数；当需要了解所需函数和参数的详细信息时，可通过"插入函数"对话框选择并插入所需函数，其具体操作如下。

微课视频

输入函数

（1）选择F3单元格，在编辑栏中单击 f_x 按钮，如图7-7所示。

（2）打开"插入函数"对话框，在"或选择类别"下拉列表框中选择"统计"选项，在"选择函数"列表框中选择"RANK.EQ"选项，单击 确定 按钮，如图7-8所示。

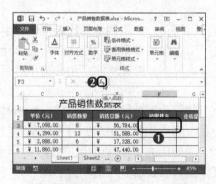

图7-7 单击"插入函数"按钮

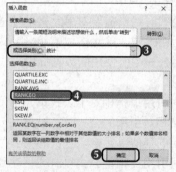

图7-8 选择函数

在函数库中输入函数

在【公式】/【函数库】组中列出了各类函数，除了单击"插入函数"按钮 f_x，还可单击相应函数类型对应的按钮，在弹出的下拉列表中选择所需的函数，打开"函数参数"对话框设置函数参数。

（3）打开"函数参数"对话框，将鼠标光标定位到"Number"参数框中，在工作表中选择"D3"单元格，然后将鼠标光标定位到"Ref"参数框中，在工作表中选择"D3:D12"单元格区域，完成后单击 确定 按钮，如图7-9所示。

（4）返回工作表中可看到F3单元格中自动计算出该函数的值，如图7-10所示。

图7-9 设置函数参数 图7-10 使用函数计算结果

2. 编辑函数

当单元格中插入的函数不符合使用需求时，可对插入的函数进行编辑修改，同时，也可将相应的函数复制到其他所需的单元格中，其具体操作如下。

微课视频

编辑函数

（1）选择F3单元格，将鼠标光标定位到编辑栏的RANK.EQ函数的"D3:D12"参数前面和后面，分别按【F4】键。

（2）按【Ctrl+Enter】组合键，保持选择F3单元格，在编辑栏中可看到修改函数参数后的效果，如图7-11所示。

121

图7-11 修改函数

（3）选择F3单元格，将鼠标光标移到该单元格右下角的控制柄上，当鼠标光标变成+形状时，按住鼠标左键不放，移动鼠标光标，将其拖动到F12单元格。

（4）释放鼠标，在F3:F12单元格区域中将计算出结果，如图7-12所示。

图7-12 复制函数

3. 使用自动求和功能

自动求和是Excel中常用的功能，该功能可对同一行或同一列中的数字进行求和，但不能跨行、跨列或行列交错求和，其具体操作如下。

微课视频

使用自动求和功能

（1）选择D13:E13单元格区域，在【开始】/【编辑】组中单击 Σ 自动求和按钮。

（2）系统将自动对D13和E13单元格对应列中包含数值的单元格进行求和，如图7-13所示。

图7-13　使用自动求和功能计算销售总量和销售总额

"自动求和"下拉按钮的使用

在"编辑"组中单击 Σ 自动求和 按钮右侧的下拉按钮，或在"公式"选项卡的"函数库"组中单击 Σ 自动求和 按钮右侧的下拉按钮，在弹出的下拉列表中可选择常用的函数，如平均值、计数、最大值、最小值等。

4. 嵌套函数

在某些情况下，可能需要将某函数作为另一函数的参数使用，这就需要使用嵌套函数。由于IF函数可以进行多重嵌套，即logical_test（条件）参数可以是另一个IF函数，从而实现多种情况的判断与选择。

IF函数可根据逻辑计算的真假值返回不同结果。其语法结构为：IF(logical_test,value_if_true,value_if_false)，其中"logical_test"表示计算结果为true或false的任意值或表达式，"value_if_true"表示当logical_test为true时返回的值，"value_if_false"表示当logical_test为false时返回的值。通常，IF函数可理解为"IF(条件,真值,假值)"，表示当"条件"成立时，返回"真值"，否则返回"假值"。其具体操作如下。

（1）选择G3:G12单元格区域，在编辑栏中输入嵌套函数"=E3*IF(E3>50000,5%,IF(50000>E3>30000,3%,IF(30000>E3,2%,0)))"，表示当E3单元格中的销售额大于50000，则业绩提成为销售额*5%；若销售额大于30000小于50000，则业绩提成为销售额*3%；若销售额小于30000，则业绩提成为销售额*2%；否则返回数值"0"。

（2）按【Ctrl+Enter】组合键计算出每位销售人员的业绩提成，如图7-14所示。

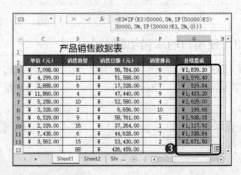

图7-14　使用嵌套函数计算数据

7.1.4　常用的函数

Excel中提供了多种函数类别，如财务函数、逻辑函数、文本函数、日期和时间函数、查找与引用函数、数字和三角函数等。在日常办公中比较常用的函数包括求和函数SUM、平均值函数AVERAGE、最大/最小值函数MAX/MIN、排名函数RANK.EQ以及条件函数IF等，下面进行具体介绍。

- **求和函数SUM**：求和函数用于计算两个或两个以上单元格的数值之和，是Excel数据表中使用最频繁的函数。求和函数的语法结构及其参数：SUM(number1,[number2],...)，number1,number2,...为1到255个需要求和的数值参数。"=SUM(A1:A3)"表示计算A1:A3单元格区域中所有数字的和；"=SUM(B3,D3,F3)"表示计算B3、D3、F3单元格中的数字之和，如"=SUM(2,3)"表示计算"2+3"的和；"=SUM(A4-I5)"表示计算A4单元格数值减去I5单元格中的数值的结果。

- **平均值函数AVERAGE**：平均值函数用于计算参与的所有参数的平均值，相当于使用公式将若干个单元格数据相加后再除以单元格个数。平均值函数的语法结构及其参数：AVERAGE(number1,[number2],...)，number1,number2,...为1到255个需要计算平均值的数值参数。

- **最大/最小值函数MAX/MIN**：最大值函数用于返回一组数据中的最大值，最小值函数用于返回一组数据中的最小值。最大/最小值函数的语法结构及其参数：MAX/MIN(number1,[number2],...)，number1,number2,...为1到255个需要计算最大值/最小值的数值参数。

- **排名函数RANK.EQ**：排名函数用于分析与比较一列数据并根据数据大小返回数值的排列名次，在商务办公的数据统计中经常使用。排名函数的语法结构及其参数：RANK.EQ(number,ref,order)，其中number指需要找到排位的数字；ref指数字列表数组或对数字列表的引用；order指明排位的方式，为0（零）或省略表示对数字的排位是基于参数ref按照降序排列的列表，不为零表示对数字的排位是基于ref按照升序排列的列表。

- **条件函数IF**：条件函数IF用于判断数据表中的某个数据是否满足指定条件，如果满足则返回特定值，不满足则返回其他值。条件函数的语法结构及其参数：IF(logical_test,[value_if_true],[value_if_false])，其中logical_test表示计算结果为TRUE或FALSE的任意值或表达式；value_if_true表示logical_test为true时要返回的值，可以是任意数据；value_if_false表示logical_test为false时要返回的值，也可以是任意数据。

嵌套函数使用技巧

嵌套函数会增加函数的复杂程度，在一些情况下直接使用一种适当的函数，会得到与嵌套函数同样的结果，但使用的函数结构却更简单，建议尽量少用嵌套函数。

7.2 课堂案例：制作"销售统计表"

　　公司销售部门交给米拉一份销售统计数据，让米拉制作一份销售统计表，工作簿中包含业务人员提成表和销售数据汇总表。要完成本例的制作，需根据指定的条件对输入的数据进行筛选。本例的参考效果如图7-15所示，下面具体讲解其制作方法。

素材所在位置 素材文件\第7章\销售统计表.xlsx
效果所在位置 效果文件\第7章\销售统计表.xlsx

图 7-15 "销售统计表"工作簿参考效果

7.2.1 数据排序

　　数据排序常用于统计工作中，在Excel中，数据排序是指根据存储在表格中的数据种类，将其按一定的方式进行重新排列。它有助于快速直观地显示数据，使用户更好地理解数据、组织并查找所需数据。数据排序的方法主要有简单排序和高级排序等。

1. 简单排序

　　当只需对工作表中某一列单元格的数据进行排序时，可使用Excel的简单排序功能，其具体操作如下。

（1）打开素材文件"销售统计表.xlsx"工作簿，在"业务人员提成表"工作表中选择E2单元格，然后在【数据】/【排序和筛选】组中单击"升序"按钮↓↓。

（2）此时，E列单元格区域中的数据将按从小到大的顺序进行排序，且其他与之对应的数据列将自动调整，如图7-16所示。

微课视频

简单排序

选择区域排序技巧

　　在进行数据排序时，如果同时选择了需排序列的"表头"下对应的单元格区域，将打开"排序提醒"对话框，提示扩展选定区域或只以当前选定区域进行排序。若选择只对当前选定区域进行排序，其他与之对应的数据将不自动进行排序。

图7-16 简单数据排序

2. 高级排序

当需要按照多个条件对数据进行排序时，可使用Excel的高级排序功能。高级排序即多列数据排序，指通过设置多个关键字对多列数据进行排序。若以某数据为依据进行排序，则该数据就被称为关键字。其具体操作如下。

（1）选择需排序的单元格区域，这里选择A2:F20单元格区域，然后在"排序和筛选"组中单击"排序"按钮 。

（2）打开"排序"对话框，在"主要关键字"下拉列表框中选择"商品销售底价"选项，在中间的"排序依据"下拉列表框中选择"数值"选项，在右侧的"次序"下拉列表框中选择"升序"选项，然后单击 按钮添加关键字，在"次要关键字"下拉列表框中选择"商品提成（差价的60%）"选项，在中间的"排序依据"下拉列表框中选择"数值"选项，在右侧的"次序"下拉列表框中选择"降序"选项，完成后单击 按钮。

（3）返回工作表中可看到"商品销售底价"列的数据依然按升序形式进行排列，但该列中数据相同的单元格，则依据次要关键字所设置的条件，在"商品提成（差价的60%）"列中以降序形式进行排序，如图7-17所示。

微课视频

高级排序

125

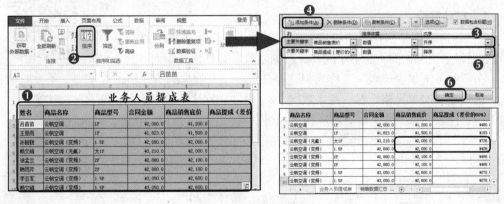

图7-17 高级排序

高级排序技巧

在"排序"对话框中单击 按钮，可删除添加的关键字；单击 按钮，可在打开的"排序选项"对话框中设置以行、列、字母或笔画进行排序。

自定义排序

在"排序"对话框的"次序"下拉列表框中选择"自定义序列"选项，打开"自定义序列"对话框，可手动输入序列对数据进行自定义排序。比如要将"商品名称"列以"云帆空调、云帆空调（无氟）、云帆空调（变频）"的序列进行排序，则在"自定义序列"对话框的"输入序列"列表框中依次输入"云帆空调、云帆空调（无氟）、云帆空调（变频）"，词语之间用【Enter】键分隔，然后单击 添加(A) 按钮将该手动输入的序列添加到左侧列表框，在左侧列表框中选择该序列，单击 确定 按钮，即可对"商品名称"列进行自定义排序，如图7-18所示。

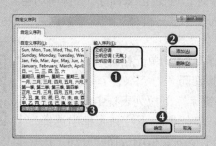

图7-18 自定义排序

7.2.2 数据筛选

在数据量较多的表格中查看具有特定条件的数据时，如只显示金额在5000元以上的产品名称等，操作起来将非常麻烦，此时可使用数据筛选功能快速将符合条件的数据显示出来，并隐藏表格中的其他数据。数据筛选的方法有自动筛选、自定义筛选和高级筛选3种。

1. 自动筛选

自动筛选数据是根据用户设定的筛选条件，自动将表格中符合条件的数据显示出来，而将表格中的其他数据隐藏，其具体操作如下。

（1）在"业务人员提成表"工作表中选择任意一个有数据的单元格，这里选择B2单元格，然后在【数据】/【排序和筛选】组中单击"筛选"按钮 。

（2）在工作表中每个表头数据对应的单元格右侧将出现 按钮，在需要筛选数据列的"商品型号"字段名右侧单击 按钮，在弹出的下拉列表的列表框中撤销选中"（全选）"复选框，然后单击选中"1.5P"复选框，完成后单击 确定 按钮，如图7-19所示。

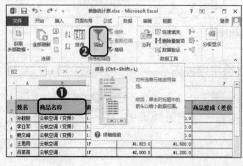
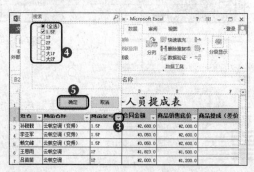

图7-19 设置筛选条件

（3）返回工作表中可看到只筛选出"1.5P"的相关记录信息，如图7-20所示。

图7-20　显示筛选结果

2. 自定义筛选

自定义筛选即在自动筛选后的需自定义的字段名右侧单击 按钮，在打开的下拉菜单中选择相应的命令，确定筛选条件后在打开的"自定义自动筛选方式"对话框中进行相应的设置，其具体操作如下。

微课视频
自定义筛选

（1）在"商品型号"字段名右侧单击 按钮，在弹出的下拉列表中选择"从'商品型号'中清除筛选"选项，清除筛选的记录数据，如图7-21所示。

（2）在"合同金额"字段名右侧单击 按钮，在弹出的下拉列表中选择【数字筛选】/【自定义筛选】选项，如图7-22所示。

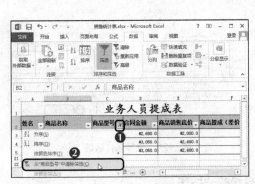
图7-21　清除筛选结果

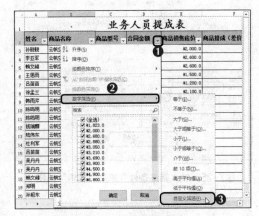
图7-22　选择自定义筛选命令

（3）打开"自定义自动筛选方式"对话框，在"合同金额"栏下方左侧下拉列表框中选择"大于"选项，在右侧下拉列表框中输入"2000"，保持单击选中"与"单选项，在左侧下拉列表框中选择"小于"选项，在右侧下拉列表框中输入"5000"选项，单击 确定 按钮，如图7-23所示。

（4）返回工作表，系统筛选出合同金额在"2000"与"5000"之间的记录，如图7-24所示。

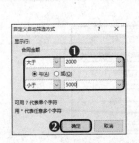
图7-23　设置自定义筛选条件

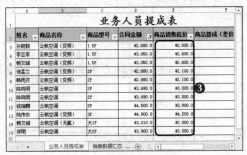
图7-24　显示筛选结果

3. 高级筛选

自动筛选是根据Excel提供的条件筛选数据，若要根据自己设置
的筛选条件对数据进行筛选，则需使用高级筛选功能。高级筛选功能
可以筛选出同时满足两个或两个以上约束条件的记录，其具体操作
如下。

（1）在"合同金额"字段名右侧单击 ▼ 按钮，在弹出的下拉列表中
选择"从'合同金额'中清除筛选"选项，清除筛选的记录
数据。然后在C22:D23单元格区域中分别输入筛选条件"商品型号为2P，合同金额为
>3000"。

（2）选择任意一个有数据的单元格，这里选择B16单元格，在"排序和筛选"组中单击 ▼ 高级
按钮，如图7-25所示。

（3）打开"高级筛选"对话框，在"列表区域"参数框中将自动选择参与筛选的单元格区
域，然后将鼠标光标定位到"条件区域"参数框中，并在工作表中选择C22:D23单元格
区域，完成后单击 确定 按钮，如图7-26所示。

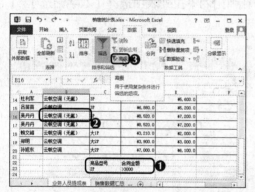

图7-25 输入筛选条件并单击"高级"按钮

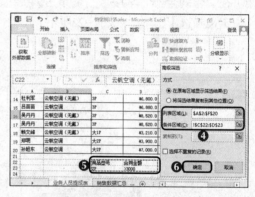

图7-26 选择条件区域

高级筛选技巧

在"高级筛选"对话框中，若单击选中"将筛选结果复制到其他位
置"单选项，可在"复制到"参数框中设置存放筛选结果的单元格区
域；若单击选中"选择不重复的记录"复选框，当有多行重复记录满足
条件时，将只显示或复制唯一一行，排除重复的行。

（4）返回工作表中可看到筛选出商品型号为"2P"，且合同金额为">3000"的记录，如
图7-27所示。

图7-27 显示筛选结果

知识提示

使用高级筛选的条件

使用高级筛选必须先设置条件区域，且条件区域项目应与表格项目一致，否则不能筛选出结果。使用高级筛选后，要显示所有记录数据，可选择任意一个有数据的单元格，在"排序和筛选"组中单击"筛选"按钮 ▼。

7.2.3 设置条件格式

条件格式用于将数据表中满足指定条件的数据以特定的格式显示出来，从而便于用户直观查看与区分数据。特定的格式包括数据条、迷你图、图标集和色阶等，主要为了实现数据的可视化效果。

1. 添加数据条

数据条的功能就是为Excel表格中的数据插入底纹颜色，这种底纹颜色能够根据数值大小自动调整长度。数据条有两种默认的底纹颜色类型，分别是"渐变填充"和"实心填充"，其具体操作如下。

微课视频

添加数据条

（1）选择"销售数据汇总表1"工作表，在其中选择C3:F12单元格区域，然后在【开始】/【样式】组中单击 条件格式▾ 按钮，在弹出的列表中选择"数据条"选项，在弹出的子列表的"渐变填充"栏中选择"橙色数据条"选项。

（2）返回 Excel 工作界面，即可看到选择的区域中出现了橙色的数据条，如图 7-28 所示。

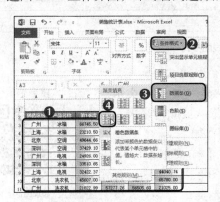

图7-28 添加数据条

2. 插入迷你图

迷你图就是在工作表的单元格中插入的一个微型图表，可以提供数据的直观表示，并反映一系列数值的趋势，如季节性的增加或减少、经济周期的变化等，或者突出显示数据系列的最大值和最小值，具体操作如下。

微课视频

插入迷你图

（1）选择G3单元格，在【插入】/【迷你图】组中单击"折线图"按钮 ⧄ ，打开"创建迷你图"对话框，在"选择所需的数据"栏的"数据范围"文本框中输入"C3:F3"，单击 确定 按钮，如图7-29所示。

（2）在G3单元格右下角拖动鼠标复制迷你图到G4:G12单元格区域中；单击"自动填充选项"按钮 ⧉ ，在弹出的列表中单击选中"不带格式填充"单选项，如图7-30所示。

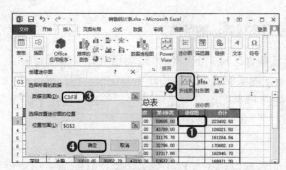

图7-29　插入折线图

图7-30　设置不带格式填充

（3）选择G3:G12单元格区域，在【迷你图工具 设计】/【显示】组中，单击选中"高点"复选框，接着单击选中"低点"复选框。在【样式】组中单击"其他"按钮，在打开的列表中选择"迷你图样式着色2，深色25%"选项。返回Excel工作界面，可看到设置迷你图样式后的效果，如图7-31所示。

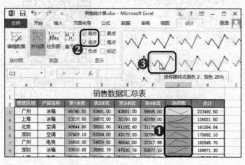

图7-31　设置折线图样式

3．添加图标集

使用图标可以对数据进行注释，按大小将数据分为3～5个类别，每个图标代表一个数据范围。"图标"以不同的形状或颜色来表示数据的大小，用户可以根据数据进行选择，其具体操作如下。

微课视频

添加图标集

（1）选择H3:H12单元格区域，在【开始】/【样式】组中单击"条件格式"按钮，在弹出的下拉列表中选择"图标集"选项，在弹出的子列表的"等级"栏中选择"5个框"选项。

（2）在H3:H12单元格区域内自动添加了不同的图标样式，如图7-32所示。

图7-32　添加图标

4.添加色阶

使用色阶样式主要通过颜色对比直观地显示数据，并帮助用户了解数据分布和变化，通常使用双色刻度来设置条件格式。它使用两种颜色的深浅程度来比较某个区域的单元格，颜色的深浅表示值的高低，具体操作如下。

微课视频

添加色阶

（1）选择H3:H12单元格区域，在【开始】/【样式】组中单击 条件格式·按钮，在弹出的下拉列表中选择"色阶"选项，在弹出的子列表中选择"红-黄-绿色阶"选项。

（2）在H3:H12单元格区域内，根据数值大小显示不同的底纹颜色，如图7-33所示。

图7-33 添加色阶

7.2.4 分类汇总

数据的分类汇总是指当表格中的记录越来越多，且出现相同类别的记录时，可按某一字段进行排序，然后将相同项目的记录集合在一起，分门别类地进行汇总，其具体操作如下。

微课视频

分类汇总

（1）选择"销售数据汇总表2"工作表，在其中选择D4单元格，然后在【数据】/【分级显示】组中单击"分类汇总"按钮。

（2）打开"分类汇总"对话框，在"分类字段"下拉列表框中选择"地区"选项，在"汇总方式"下拉列表框中选择"求和"选项，在"选定汇总项"列表框中单击选中"季度销售量（台）"复选框，撤销选中"应返还奖金"复选框，然后单击 确定 按钮。

（3）返回工作表中可看到分类汇总后将对相同"地区"列的数据的"季度销售量"进行求和，其结果显示在相应的科目数据下方，如图7-34所示。

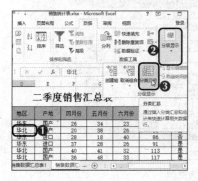

图7-34 分类汇总

知识提示	分类汇总前的准备

在使用分类汇总前，需先对要分类汇总的项进行排序设置，才能将项目的所用相同数据进行汇总，否则会独立分开，无法实现汇总的效果。如本例中先对地区进行了降序排列，然后再使用分类汇总功能。

（4）在分类汇总后的工作表编辑区的左上角单击 1 按钮，工作表中的所有分类数据将被隐藏，只显示出分类汇总后的总计数记录。

（5）单击 2 按钮，除了显示出分类汇总后的总计数记录，还会在工作表中显示分类汇总后各项目的汇总项，如图7-35所示。

图7-35　分级显示分类汇总数据

7.3　项目实训

7.3.1　编辑"计算机基础考核表"工作簿

微课视频

编辑"计算机基础考核表"工作簿

1. 实训目标

根据表中提供的数据，使用函数计算成绩的平均分、总分、最高分、最低分，以及判断其是否合格。本实训完成后的参考效果如图7-36所示。

素材所在位置　素材文件\第7章\项目实训\计算机基础考核表.xlsx
效果所在位置　效果文件\第7章\项目实训\计算机基础考核表.xlsx

	A	B	C	D	E	F	G	H	I
1	计算机考试成绩								
2	考号	姓名	电脑基础	Word	Excel	PowerPoint	考试平均分	考试总分	是否合格
3	1001	杨蒲英	20	80	85	70	63.75	255	合格
4	1002	刘毅	80	14	8	30	33	132	不合格
5	1003	徐鹏程	40	50	55	95	60	240	合格
6	1004	范威	20	70	80	30	50	200	合格
7	1005	周天	90	20	18	30	39.5	158	不合格
8	1006	丁夏雨	50	95	90	89	81	324	合格
9	1007	郭枫	90	40	32	28	47.5	190	不合格
10	1008	陶韬	80	60	57	70	66.75	267	合格
11	1009	齐喜	30	31	95	19	43.75	175	不合格
12	1010	叶子富	40	90	60	60	62.5	250	合格
13	各科最高分		90	95	95	95	93.75	324	
14	各科最低分		20	14	8	19	15.25	132	

Sheet1　Sheet2　Sheet3

图7-36　"计算机基础考核表"工作簿效果

2. 专业背景

计算机考核表是公司针对新员工计算机基础能力的统计表，公司需通过对员工的各项成绩进行统计并计算，查看员工的计算机基础是否合格。

3. 操作思路

完成本实训需在提供的素材文件中使用函数，计算每位员工的平均分、总分、最高分和最低分，以及使用IF函数判断其是否合格，其操作思路如图7-37所示。

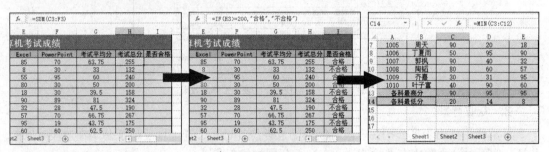

①求平均分和总分　　　②判断是否合格　　　③求最高分和最低分

图7-37　"计算机基础考核表"工作簿制作思路

【步骤提示】

（1）打开素材文件"计算机基础考核表.xlsx"，选择G3单元格，插入平均值公式，并在G3单元格右下角使用鼠标拖动复制，得出G4:G12单元格区域的平均分。

（2）选择H3单元格，插入自动求和公式，选择C3:F3单元格区域，得出总分，在H3单元格右下角使用鼠标拖动复制，得出H4:H12单元格区域的总分。

（3）选择I3单元格，在编辑栏中输入"=IF(H3>=200,"合格","不合格")"，按【Ctrl+Enter】组合键完成输入，执行函数判断员工是否合格，使用拖动鼠标的方法复制，判断其余人是否合格。

（4）选择C13单元格，插入最大值公式，选择C3:C12单元格区域、得出最高分，并在C13单元格右下角使用鼠标拖动复制，得出D13:H13单元格区域的最高分。

（5）选择C14单元格，插入最小值公式，选择C3:C12单元格区域，得出最低分，在C14单元格右下角使用鼠标拖动复制，得出D14:H14单元格区域的最低分。

7.3.2　管理"日常费用支出表"工作簿

1. 实训目标

本实训的目标是管理"日常费用支出表"工作簿，需要使用到表格数据的排序、筛选和设置条件格式，以及分类汇总查询相关信息，从而分析管理数据。本实训完成后的参考效果如图7-38所示。

微课视频

管理"日常费用支出表"工作簿

素材所在位置　素材文件\第7章\项目实训\日常费用支出表.xlsx
效果所在位置　效果文件\第7章\项目实训\日常费用支出表.xlsx

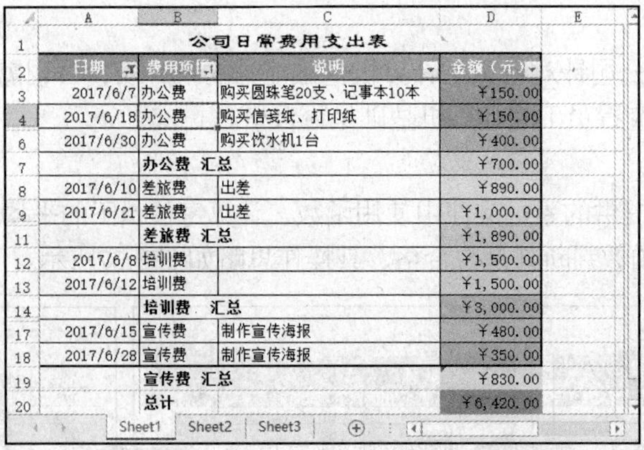

A	B	C	D	E
1		公司日常费用支出表		
2	日期	费用项目	说明	金额（元）
3	2017/6/7	办公费	购买圆珠笔20支、记事本10本	￥150.00
4	2017/6/18	办公费	购买信笺纸、打印纸	￥150.00
6	2017/6/30	办公费	购买饮水机1台	￥400.00
7		办公费 汇总		￥700.00
8	2017/6/10	差旅费	出差	￥890.00
9	2017/6/21	差旅费	出差	￥1,000.00
11		差旅费 汇总		￥1,890.00
12	2017/6/8	培训费		￥1,500.00
13	2017/6/12	培训费		￥1,500.00
14		培训费 汇总		￥3,000.00
17	2017/6/15	宣传费	制作宣传海报	￥480.00
18	2017/6/28	宣传费	制作宣传海报	￥350.00
19		宣传费 汇总		￥830.00
20		总计		￥6,420.00

图7-38　"日常费用支出表"工作簿效果

2．专业背景

日常费用支出表是公司在一段时间内的消耗统计记录，详细地反映了公司在这段时间的开销，便于对公司的成本进行统计，有利于公司的长久发展。

3．操作思路

完成本实训需要使用到表格数据的排序、筛选和设置条件格式，以及分类汇总，其操作思路如图7-39所示。

①筛选日期与排序费用项目　　　　②设置条件格式　　　　③添加分类汇总

图7-39　"日常费用支出表"工作簿的制作思路

【步骤提示】

（1）打开素材文件"日常费用支出表.xlsx"，选择A3单元格，使用数据筛选功能，将日期中的六月筛选出来。选择B3单元格，单击"升序"按钮⬆对费用项目进行排序处理。

（2）选择D3:D18单元格区域，设置其条件格式中的色阶样式为"红-黄-绿色阶"。

（3）在"分级显示"组中单击"分类汇总"按钮▦，打开"分类汇总"对话框，在"分类字段"下拉列表框中选择"费用项目"选项，在"汇总方式"下拉列表框中选择"求和"选项，在"选定汇总项"列表框中单击选中"金额（元）"复选框。

7.4　课后练习

本章主要介绍了计算与管理Excel表格数据的操作方法，包括公式与函数的使用、单元格的引用、数据筛选、数据排序、分类汇总等知识，读者应加强该部分内容的练习与应用。

练习1：编辑"员工培训成绩表"工作簿

本练习要求编辑"员工培训成绩表.xlsx"工作簿，使用公式计算数据。参考效果如图7-40所示。

素材所在位置 素材文件\第7章\课后练习\员工培训成绩表.xlsx
效果所在位置 效果文件\第7章\课后练习\员工培训成绩表.xlsx

要求操作如下。

● 打开素材工作簿，利用SUM函数计算总成绩。
● 利用AVERAGE函数计算平均成绩。
● 利用RANK.EQ函数对成绩进行排名。
● 利用IF函数评定水平等级。

	员工培训成绩表											
编号	姓名	所属部门	办公软件	财务知识	法律知识	英语口语	职业素养	人力管理	总成绩	平均成绩	排名	等级
CM001	蔡云帆	行政部	60	85	88	70	80	82	465	77.5	11	一般
CM002	方艳芸	行政部	62	60	61	50	63	61	357	59.5	13	差
CM003	谷城	行政部	99	92	94	90	91	89	555	92.5	3	优
CM004	胡哥飞	研发部	60	54	55	58	75	55	357	59.5	13	差
CM005	蒋京华	研发部	92	90	89	96	99	92	558	93	1	优
CM006	李哲明	研发部	83	89	96	89	75	90	522	87	5	良
CM007	龙泽苑	研发部	83	89	96	89	75	90	522	87	5	良
CM008	詹姆斯	研发部	70	72	60	95	84	90	471	78.5	9	一般
CM009	刘畅	财务部	60	85	88	70	80	82	465	77.5	11	一般
CM010	姚湛香	财务部	99	92	94	90	91	89	555	92.5	3	优
CM011	汤家桥	财务部	87	84	95	87	78	85	516	86	7	良
CM012	唐萌梦	市场部	70	72	60	95	84	90	471	78.5	9	一般
CM013	赵飞	市场部	60	54	55	58	75	55	357	59.5	13	差
CM014	夏俊铭	市场部	92	90	89	96	99	92	558	93	1	优
CM015	周玲	市场部	87	84	95	87	78	85	516	86	7	良
CM016	周宇	市场部	62	60	61	50	63	61	357	59.5	13	差

图7-40 "员工培训成绩表"工作簿效果

微课视频

编辑"员工培训成绩表"工作簿

135

练习2：设置"区域销售汇总表"工作簿

本练习要求管理"区域销售汇总表.xlsx"工作簿，为其筛选销售数量大于50的数据，然后进行排列和分类汇总设置。参考效果如图7-41所示。

素材所在位置 素材文件\第7章\课后练习\区域销售汇总表.xlsx
效果所在位置 效果文件\第7章\课后练习\区域销售汇总表.xlsx

要求操作如下。

● 打开素材文件"区域销售汇总表.xlsx"，选择E26单元格，在其中输入"销售数量"，按【Enter】键跳入下一个单元格，输入文本 ">50"；使用高级筛选选择条件E26:E27单元格区域，筛选销售数量大于50的数据。
● 单击表格中任意位置，以"销售店"为主要关键字降序排列，以"销售数量"为次要关键字升序排列。
● 以"销售店"为分类字段，汇总"销售数量"和"销售额"。

各区域产品销售汇总表

序号	销售店	产品名称	单位	销售数量	单价	销售额
2	西门店	抽油烟机	台	53	¥ 666.00	¥ 35,298.00
4	西门店	电冰箱	台	98	¥ 1,280.00	¥ 125,440.00
20	西门店	微波炉	台	163	¥ 420.00	¥ 68,460.00
8	西门店	电饭锅	只	322	¥ 168.00	¥ 54,096.00
	西门店 汇总			636		¥ 283,294.00
18	南门店	台灯	台	160	¥ 75.00	¥ 12,000.00
13	南门店	风扇	台	230	¥ 50.00	¥ 11,500.00
	南门店 汇总			390		¥ 23,500.00
17	南门店	煤气罐	只	345	¥ 38.00	¥ 13,110.00
	南门店 汇总			345		¥ 13,110.00
3	东门店	抽油烟机	台	53	¥ 666.00	¥ 35,298.00
	东门店 汇总			53		¥ 35,298.00
9	东门店	电饭锅	台	222	¥ 168.00	¥ 37,296.00
24	东门店	炒锅	只	330	¥ 118.00	¥ 38,940.00
	东门店 汇总			552		¥ 76,236.00
21	北门店	微波炉	台	63	¥ 420.00	¥ 26,460.00
14	北门店	风扇	台	430	¥ 50.00	¥ 21,500.00
	北门店 汇总			493		¥ 47,960.00
	总计			2469		¥ 479,398.00

销售数量
>50

Sheet1　Sheet2　Sheet3

微课视频
设置"区域销售汇总表"工作簿

图7-41　"区域销售汇总表"工作簿效果

7.5　技巧提升

在单元格中输入错误的公式不仅会导致出现错误值，还会产生某些意外结果，如在需要输入数字的公式中输入文本，删除公式引用的单元格或者使用宽度不足以显示结果的单元格等。进行这些操作时，单元格将显示一个错误值，如####、#VALUE!等。下面介绍产生这些错误值的原因及其解决方法。

- **出现错误值####：** 如果单元格中所含的数字、日期或时间超过单元格宽度或者单元格的日期时间产生了一个负值，就会出现####错误。解决的方法是增加单元格列宽、应用不同的数字格式、保证日期与时间公式的正确性。

- **出现错误值#VALUE!：** 当使用的参数或操作数类型错误，或者公式自动更正功能不能更正公式，如公式需要数字或逻辑值（如True或False）时，却输入了文本，将产生#VALUE!错误。解决方法是确认公式或函数所需的运算符或参数是否正确，公式引用的单元格中是否包含有效的数值。如单元格A1包含一个数字，单元格B1包含文本"单位"，则公式=A1+B1将产生#VALUE!错误。

- **出现错误值#N/A：** 当在公式中没有可用数值时，将产生错误值#N/A。如果工作表中某些单元格暂没有数值，可以在单元格中输入#N/A，公式在引用这些单元格时，将不进行数值计算，而是返回#N/A。

- **出现错误值#REF!：** 当单元格引用无效时，将产生错误值#REF!，产生的原因是删除了其他公式所引用的单元格，或将已移动的单元格粘贴到其他公式所引用的单元格中。解决的方法是更改公式，或在删除或粘贴单元格之后恢复工作表中的单元格。

- **出现错误值#NUM!：** 通常公式或函数中使用无效数字值时，出现这种错误。产生的原因是在需要数字参数的函数中使用了无法接受的参数。解决的方法是确保函数中使用的参数是数字。例如，即使需要输入的值是$2,000，也应在公式中输入2000。

CHAPTER 8

第 8 章
分析数据

情景导入

　　老洪告诉米拉，表格的作用不仅可以记录并列出数据，还可以通过数据的展示和比较分析数据并得出一些结论与总结。为了更好地展示数据，需要应用图表与数据透视表、透视图。老洪告诉了米拉图表、数据透视表和透视图的使用方法，让米拉进行总结与练习。

学习目标

● 掌握分析"产品产量表"的方法。

如创建、编辑和美化图表等。

● 掌握分析"年度业绩统计表"的方法。

如创建数据透视表、创建数据透视图等。

案例展示

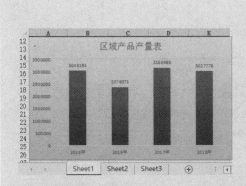

▲ "产品产量表"工作簿

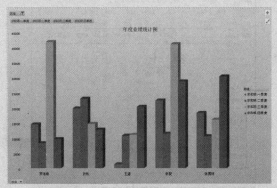

▲ "年度业绩统计表"工作簿

8.1 课堂案例：制作"产品产量表"

老洪希望米拉能根据近几年各区域的产品产量来分析产品的受欢迎程度，米拉为完成该任务，准备先整理近几年各区域的产品产量作为数据区域，然后使用图表分析数据，并编辑图表，使数据更加清晰。本例的参考效果如图8-1所示，下面具体讲解其制作方法。

素材所在位置 素材文件\第8章\产品产量表.xlsx
效果所在位置 效果文件\第8章\产品产量表.xlsx

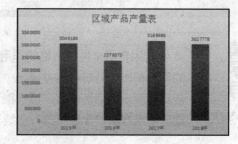

图8-1 "产品产量表"工作簿参考效果

8.1.1 创建图表

在Excel中提供了多种图表类型，不同的图表类型所使用的场合各不相同，如柱形图常用于进行多个项目之间数据的对比，折线图用于显示等时间间隔数据的变化趋势。用户应根据实际需要选择合适的图表类型创建所需的图表，其具体操作如下。

微课视频

创建图表

（1）打开素材文件"产品产量表.xlsx"，选择A3:E10单元格区域，在
【插入】/【图表】组中单击"插入折线图"按钮，在弹出的
下拉列表"二维折线图"栏中选择"折线图"选项。

（2）将鼠标光标移动到图表区上，当鼠标光标变成形状后按住鼠标左键不放，拖动图表到
所需的位置，这里将其拖动到数据区域的下方，释放鼠标，图表区和图表区中各部分的
位置即可移动到相应的目标位置，如图8-2所示。

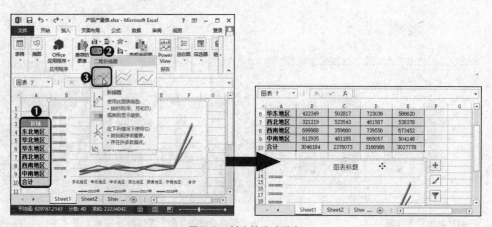

图8-2 创建并移动图表

（3）在【图表工具 设计】/【数据】组中单击"选择数据"按钮，打开"选择数据源"对话框，按【Ctrl】键在表格中分别选择B3:E3和B10:E10单元格区域，单击 确定 按钮，如图8-3所示。

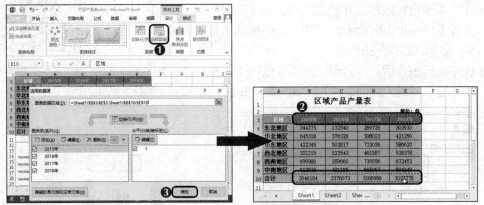

图8-3 选择数据区域

（4）在"数据"组中单击"切换行/列"按钮，将图表行列进行互换。在【图表工具 设计】/【类型】组中单击"更改图表类型"按钮，打开"更改图表类型"对话框，在左侧选择"柱形图"选项，在右侧列表中选择"簇状柱形图"选项，单击 确定 按钮，如图8-4所示。

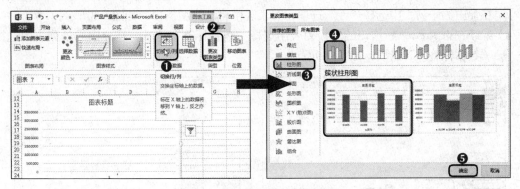

图8-4 切换行/列并更改图表类型

（5）返回工作表中可看到创建的柱形图，如图8-5所示。

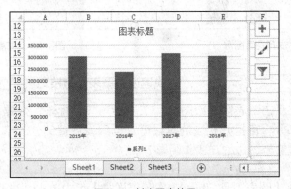

图8-5 创建图表效果

8.1.2 编辑与美化图表

为创建出满意的图表展示效果，可以根据需要对图表的位置、大小、图表类型以及图表中的数据进行编辑与美化，其具体操作如下。

微课视频
编辑与美化图表

（1）在图表空白区域单击并选择图表，在【图表工具 设计】/【图表布局】组中单击 **快速布局** 按钮，在弹出的下拉列表中选择"布局3"选项，如图8-6所示。

（2）快速布局图表后，将出现"图表标题"文本框，在其中选择"图表标题"文本，然后输入"区域产品产量表"文本，如图8-7所示。

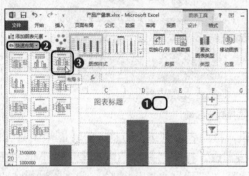

图8-6 快速布局图表

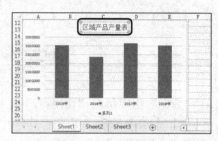

图8-7 输入图表标题

（3）在"图表布局"组中单击 **添加图表元素** 按钮，在弹出的下拉列表中选择"图例"选项，在弹出的子列表中选择"无"选项，图表区中将关闭图例项，如图8-8所示。

（4）继续在 **添加图表元素** 按钮的下拉列表中选择"数据标签"选项，在弹出的子列表中选择"数据标签外"选项，如图8-9所示。

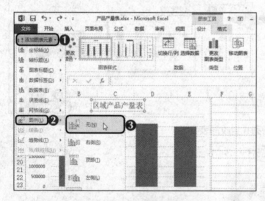

图8-8 关闭图表图例

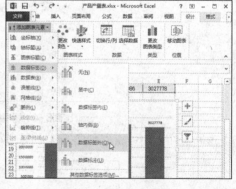

图8-9 添加数据标签

快速设置图表元素技巧

双击图表区、绘图区、图表标题、坐标轴、数据系列、网格线等组成部分，可打开相应的对话框，详细设置各部分的格式，如填充效果、边框颜色、边框样式、阴影等。

（5）选择图表区，在【图表工具 设计】/【图表样式】组中单击"快速样式"按钮，在弹出的下拉列表中选择"样式7"选项，如图8-10所示。

Office 2013 办公软件高级应用立体化教程（微课版）

（6）在【图表工具 格式】/【形状样式】组中单击 按钮，在弹出的下拉列表中选择"细微效果–橙色，强调颜色6"选项，如图8-11所示。

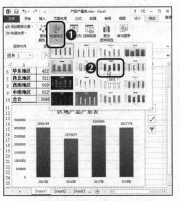
图8-10 快速设置图表样式

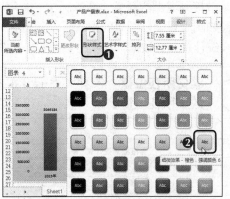
图8-11 设置图表的形状样式

更改图表颜色

在"形状样式"组中单击"更改颜色"按钮，在弹出的下拉列表框中可自定义图表的颜色。值得注意的是，在这里设置颜色针对的是图表中的数据系列，而其余部分颜色不会改变。

（7）在【图表工具 格式】/【艺术字样式】组中单击 按钮，在弹出的下拉列表中选择"填充–蓝色，着色1，阴影"选项，如图8-12所示。

（8）将鼠标光标移动到图表区右下角的控制点上，按住鼠标左键不放拖动到合适的位置，释放鼠标，返回工作表中可查看效果，如图8-13所示。

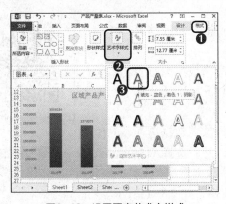
图8-12 设置图表艺术字样式

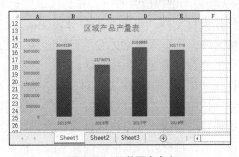
图8-13 调整图表大小

添加趋势线和误差线

趋势线是以图形的方式表示数据系列的变化趋势并对以后的数据进行预测，在实际工作中利用图表进行回归分析时，就可以在图表中添加趋势线。误差线通常用于统计或分析数据，显示潜在的误差或相对于系列中每个数据标志的不确定程度。添加后的误差线也可以进行格式设置。

8.2 课堂案例：制作"年度业绩统计表"

米拉接到老洪的任务，准备制作一个年度业绩统计表，需要用图表的形式展现出来，但是普通的图表只能以图表的形式呈现数据，并不能对数据进行统计操作，此时应使用数据透视图表统计并分析数据。本例的参考效果如图8-14所示，下面具体讲解其制作方法。

素材所在位置 素材文件\第8章\年度业绩统计表.xlsx
效果所在位置 效果文件\第8章\年度业绩统计表.xlsx

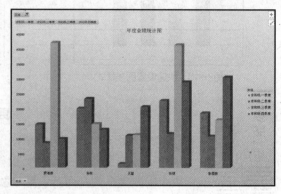

图8-14 "年度业绩统计表"工作簿参考效果

8.2.1 数据透视表的使用

数据透视表是一种查询并快速汇总大量数据的交互式分析方式。使用数据透视表不仅可以深入分析数值数据，还可以体现一些预料之外的数据问题。

1. 创建数据透视表

创建数据透视表的方法很简单，只需连接到相应的数据源，并确定数据透视表的创建位置即可，其具体操作如下。

微课视频

创建数据透视表

（1）打开素材文件"年度业绩统计表.xlsx"，选择数据源对应的单元格区域，这里选择A2:G12单元格区域，在【插入】/【表格】组中单击"数据透视表"按钮圈。

（2）打开"创建数据透视表"对话框，在"选择放置数据透视表的位置"栏中单击选中"现有工作表"单选项，然后选择A15单元格，单击 确定 按钮，系统将自动创建一个空白数据透视表，并激活数据透视表工具的"分析"和"设计"两个选项卡，且打开"数据透视表字段"任务窗格，如图8-15所示。

多学一招

数据源中标题与透视表中字段名的关系

数据透视表数据源中的每一列都会成为在数据透视表中使用的字段，字段汇总了数据源中的多行信息。因此数据源中工作表第一行的各个列都应有名称，通常每一列的列标题将成为数据透视表中的字段名。

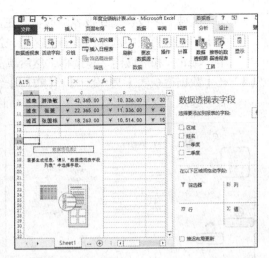

图8-15　创建数据透视表

2. 编辑与美化数据透视表

在数据透视表中为方便数据的分析和整理，还可根据需要对数据透视表进行编辑与美化，其具体操作如下。

（1）在"数据透视表字段"任务窗格的"选择要添加到报表的字段"列表框中单击选中所需字段对应的复选框，创建出带有数据的数据透视表，如图8-16所示。

（2）在"在以下区域间拖动字段"栏中选择"区域"字段，单击右侧的下拉按钮，在弹出的下拉列表中选择"移动到报表筛选"选项，如图8-17所示。

微课视频

编辑与美化数据透视表

图8-16　在数据透视表中添加字段

图8-17　移动字段位置

设置值字段

默认情况下，数据透视表的数值区域显示为求和项。用户也可根据需要设置值字段，如平均值、最大值和最小值等。选择需要设置值字段的单元格，在【数据透视表工具 分析】/【活动字段】组中单击"字段设置"按钮 。打开"值字段设置"对话框，在"值字段汇总方式"选项卡的"计算类型"列表框中选择需要的一种值汇总方式，然后单击 确定 按钮即可。

（3）将"区域"字段移动到报表筛选后，在工作表中的"区域"字段右侧单击下拉按钮，在弹出的下拉列表中选择需查看的区域，这里单击选中"选择多项"复选框，然后撤销选中"城北"和"城南"复选框，然后单击 确定 按钮，如图8-18所示。

（4）在【数据透视表工具 设计】/【布局】组中单击"报表布局"按钮，在弹出的下拉列表中选择"以表格形式显示"选项，如图8-19所示。

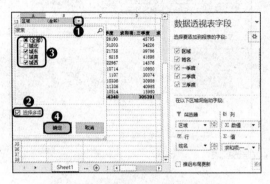 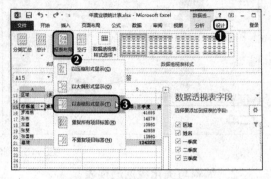

图8-18　在报表筛选中查看所需的字段　　　　　　图8-19　设置报表布局的显示方式

（5）在"数据透视表样式"组中单击按钮，在弹出的下拉列表框的"中等深浅"栏中选择"数据透视表样式中等深浅11"选项，如图8-20所示。

（6）返回工作表中选择除数据透视表区域外的任意空白单元格，将不显示"数据透视表字段列表"任务窗格，如图8-21所示。

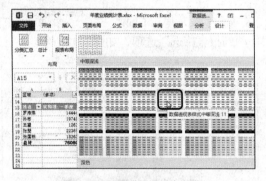 

图8-20　设置数据透视表样式　　　　　　图8-21　查看数据透视表效果

8.2.2　数据透视图的使用

数据透视图不仅具有数据透视表的交互功能，还具有图表的图释功能，利用它可以更直观地查看工作表中的数据关系，更利于分析与对比数据。

1. 创建数据透视图

数据透视图以图形形式表示数据透视表中的数据，方便用户查看并比较数据，其具体操作如下。

（1）选择数据透视表中的任意单元格，在【数据透视表工具 分析】/【工具】组中单击"数据透视图"按钮。

（2）打开"插入图表"对话框，在左侧单击"柱形图"选项卡，在右侧选择"三维簇状柱形图"选项，单击 确定 按钮，如图8-22所示。

微课视频

创建数据透视图

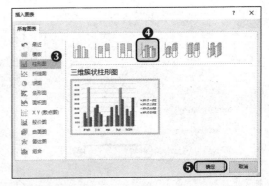

图8-22　设置数据透视图的图表类型

数据透视图的类型

数据透视图常用的图表类型有柱形图、折线图、饼图和条形图等，除此之外还可以组合图表类型，建立图表模板，制作出需要的图表样式。此外，数据透视图的类型与Excel图表类型完全相同。

（3）返回工作表中可看到创建的数据透视图，如图8-23所示。

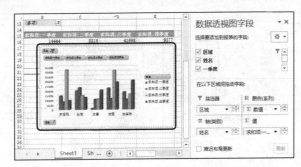

图8-23　创建数据透视图

2. 设置数据透视图

设置数据透视图的方法与图表类似，如设置数据透视图中图表类型、样式以及图表中各元素的格式等，其具体操作如下。

（1）选择数据透视图，在【数据透视图工具 设计】/【位置】组中单击"移动图表"按钮 。

（2）打开"移动图表"对话框，单击选中"新工作表"单选项，在文本框中输入数据"数据透视图"，单击 确定 按钮，返回工作表中可看到数据透视图存放到新建的名为"数据透视图"的工作表中，如图8-24所示。

微课视频

设置数据透视图

筛选透视图中的数据

与图表相比，数据透视图中多出了几个按钮，这些按钮分别和数据透视表中的字段相对应，被称作字段标题按钮，通过这些按钮可对数据透视图中的数据系列进行筛选，从而观察所需数据。

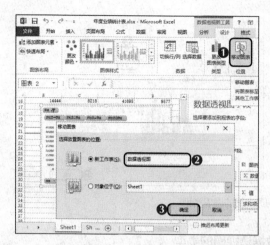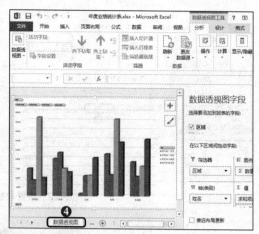

图8-24　移动数据透视图位置

（3）在【数据透视图工具 分析】/【显示/隐藏】组中单击"字段列表"按钮 ，隐藏"数据透视图字段"任务窗格，如图8-25所示。

（4）在【数据透视图工具 设计】/【图表布局】组中单击 添加图表元素·按钮，在弹出的下拉列表中选择"图表标题"选项，在弹出的子列表中选择"居中覆盖"选项，为数据透视图添加标题元素，如图8-26所示。

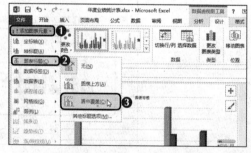

图8-25　隐藏"数据透视图字段"任务窗格　　　　图8-26　设置数据透视图标题

（5）在出现的"图表标题"文本框中选择文本"图表标题"，并输入文本"年度业绩统计图"，然后选择数据透视图，在【数据透视图工具 格式】/【形状样式】组单击 按钮，在弹出的下拉列表中选择"细微效果–紫色，强调颜色4"选项，如图8-27所示。

（6）返回工作表中可看到设置数据透视图后的效果，如图8-28所示。

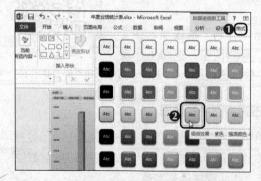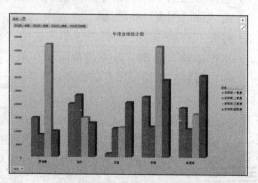

图8-27　输入数据透视图标题并设置数据透视图样式　　　图8-28　查看数据透视图效果

8.3　项目实训

8.3.1　分析"公司收支表"工作簿

1．实训目标

本实训的目标是根据表中提供的数据，创建一个合适的图表展示公司的收支状况，并对图表进行编辑美化，完善图表。本实训完成后的参考效果如图8-29所示。

素材所在位置　素材文件\第8章\项目实训\公司收支表.xlsx
效果所在位置　效果文件\第8章\项目实训\公司收支表.xlsx

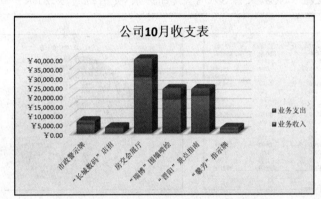

微课视频

分析"公司收支表"工作簿

图8-29　"公司收支表"工作簿图表效果

2．专业背景

收支表是对公司一段时间内的收入和支出情况进行的统计，主要作用是查看公司在这段时间内的盈利情况，对公司今后的项目决策起到引导作用。

3．操作思路

完成本实训需在提供的素材文件中根据数据区域使用柱形图分析10月各项目的收支情况，其操作思路如图8-30所示。

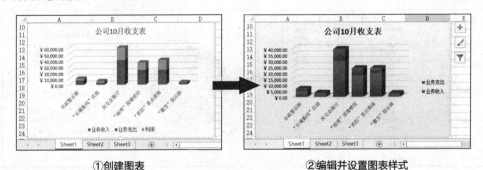

①创建图表　　　　　　　　　　　②编辑并设置图表样式

图8-30　"公司收支表"工作簿的制作思路

【步骤提示】

（1）打开素材文件"公司收支表.xlsx"，选择A2:D8单元格区域，创建"三维堆积柱形图"，输入图表标题"公司10月收支表"，移动图表位置到表格下方，并调整大小。

（2）设置图表样式为"样式8"，形状样式为"细微效果-橄榄色，强调颜色3"。

（3）使用选择数据，撤销选中"利润"复选框，并设置图表布局为"布局1"。

8.3.2 分析"费用统计表"工作簿

1. 实训目标

微课视频

分析"费用统计表"工作簿

本实训的目标是分析"费用统计表"工作簿，需要根据表格数据创建数据透视图和数据透视表，从而分析部门和人员的办公材料消耗情况。本实训完成后的参考效果如图8-31所示。

 素材所在位置 素材文件\第8章\项目实训\费用统计表.xlsx
效果所在位置 效果文件\第8章\项目实训\费用统计表.xlsx

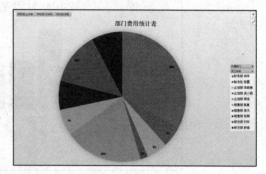

图8-31 "费用统计表"工作簿效果

2. 专业背景

在一定期限内对公司的消费情况进行统计是很有必要的，不仅可以使费用开销有一个详细的依据，还可以根据开销的多少，让管理者做出决定。

3. 操作思路

完成本实训需要使用数据透视表综合分析年度费用消耗、部门费用消耗、员工费用消耗，然后使用数据透视图来进行费用间的比较，其操作思路如图8-32所示。

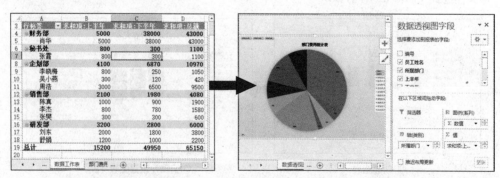

①创建并编辑数据透视表　　　　②创建并编辑数据透视图

图8-32 "费用统计表"工作簿的制作思路

【步骤提示】

（1）打开素材文件"费用统计表.xlsx"，选择A3:G12单元格区域，使用新建工作表的方法插入数据透视表，将新建的工作表重命名为"数据工作表"。

（2）在"数据透视表字段"任务窗格的"选择要添加到报表的字段"列表框中依次单击选中"所属部门""员工姓名""上半年""下半年"和"总额"复选框。为数据透视表设置样式为"数据透视表样式中等深浅13"。

（3）根据数据透视表创建数据透视图"饼图"，修改图表标题为"部门费用统计表"，并设置图表样式为"样式11"，设置形状样式为"细微效果-水绿色，强调颜色5"。

（4）使用新建工作表"数据透视图"的方式移动数据透视图。

8.4 课后练习

本章主要介绍了使用图表、数据透视表和数据透视图对数据进行分析的相关知识，读者应着重学习创建和美化图表的方法。

练习1：分析"商品库存分析表"工作簿

本练习要求添加图表分析"商品库存分析表.xlsx"工作簿，并对图表进行编辑与美化。参考效果如图8-33所示。

素材所在位置	素材文件\第8章\课后练习\商品库存分析表.xlsx
效果所在位置	效果文件\第8章\课后练习\商品库存分析表.xlsx

要求操作如下。

● 打开素材工作簿，插入"簇状条形图"图表，修改图表标题为"商品库存分析表"，完成后移动图表位置和大小。

● 使用选择数据，撤销选中"需求量"，设置快速样式"样式3"，将数据标签设置为"数据标签外"。

● 设置艺术字样式为"填充-黑色，文本1，阴影"。

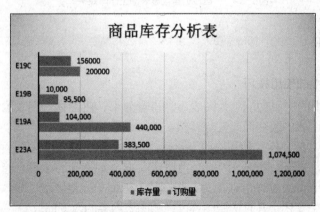

微课视频

分析"商品库存分析表"工作簿

图8-33 "商品库存分析表"工作簿效果

练习2：分析"销售数据表"工作簿

本练习要求为"销售数据表.xlsx"工作簿插入数据透视表和数据透视图，使用图表分析数据。参考效果如图8-34所示。

素材所在位置	素材文件\第8章\课后练习\销售数据表.xlsx
效果所在位置	效果文件\第8章\课后练习\销售数据表.xlsx

要求操作如下。

- 打开素材文件"销售数据表.xlsx"，在工作表中根据数据区域创建数据透视表并将其存放到新的工作表中。
- 添加相应的字段，并将"销售区域"和"产品名称"移动到报表筛选列表框中。
- 根据数据透视表创建"堆积折线图"数据透视图，并调整数据透视图的位置和大小，设置数据透视图样式为"样式3"，完成后将存放数据透视图表的工作表重命名为"数据透视图表"。

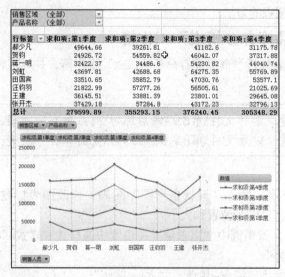

图8-34 "区域销售汇总表"工作簿效果

8.5 技巧提升

1. 快照在图表中的使用技巧

使用Excel 2013中的快照功能可为图表添加摄影效果，更能体现图表的立体感和视觉效果，快照图片可以随图表的改变而改变。

和一些不常用的功能一样，使用快照需要在"Excel选项"对话框中进行添加，新建选项卡和组添加"照相机"按钮，完成后单击"照相机"按钮，在工作表的任意位置单击，将拍摄的快照粘贴到其中，此时粘贴的对象为一张图片。返回单元格区域，修改其中的数据，此时可查看到原图表发生变化，并且快照图片已经随图表内容的改变而改变。

2. 透视表中的数据筛选技巧

在透视图中可使用切片器进行筛选，它包含一组按钮，使用户能快速地筛选数据透视表中的数据，而不需要通过下拉列表查找要筛选的项目。添加切片器后，在切片器中单击相应的项目，数据透视表中将显示为相应的数据。

CHAPTER 9

第9章

PowerPoint 2013 的基本操作

情景导入

　　学会了Word和Excel的使用，老洪准备让米拉学习PowerPoint 2013的使用，从而掌握Office 2013三大组件的使用。不过为了循序渐进地学习，老洪打算先让米拉学习制作PowerPoint幻灯片。

学习目标

● 掌握PowerPoint 2013的基本操作。

　　如熟悉PowerPoint 2013工作界面、认识演示文稿与幻灯片、使用PowerPoint视图。

● 掌握制作"营销计划"演示文稿的方法。

　　如新建演示文稿、幻灯片的基本操作、输入与编辑文本，以及保存和关闭演示文稿。

● 掌握制作"产品展示"演示文稿的方法。

　　如设置文本格式、设置幻灯片背景、应用幻灯片主题和母版。

案例展示

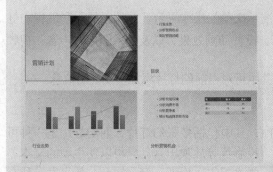

▲ "营销计划"演示文稿

▲ "产品展示"演示文稿

9.1　PowerPoint 2013基础知识

　　PowerPoint 2013是专业制作演示文稿的软件，通过它制作的演示文稿可以在投影仪设备上以幻灯片形式为观众展示，它是会议、商务展示、培训和演讲等商务活动中不可缺少的一个软件。在PowerPoint中不仅可以运用文字、表格、形状、图片、影片、声音等多种对象来展现要演示的内容，而且可以运用其中的动画和配色方案创建极具感染力的动态演示文稿，还可以将照片制作成电子相册供用户浏览。

9.1.1　熟悉PowerPoint 2013工作界面

　　PowerPoint 2013工作界面的标题栏、选项卡、功能区与另外两大组件一致，而PowerPoint也有其特有的"幻灯片/大纲"窗格、幻灯片编辑区和备注区等部分，如图9-1所示。下面主要对"幻灯片/大纲"选项卡、幻灯片编辑区和备注区进行介绍。

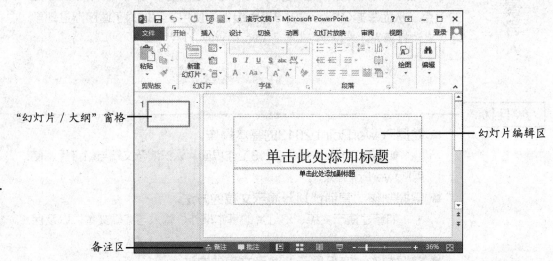

图9-1　PowerPoint 2013工作界面

- **"幻灯片/大纲"窗格**：用于显示演示文稿的幻灯片内容、数量和位置，通过它可更加方便地掌握演示文稿的结构。它包括"幻灯片"和"大纲"两个选项卡，单击不同的选项卡可在不同的窗格间切换。在"幻灯片"窗格下，将显示整个演示文稿中幻灯片的编号及缩略图；在"大纲"窗格下，将列出当前演示文稿中各张幻灯片中的文本内容。
- **幻灯片编辑区**：使用PowerPoint制作演示文稿的操作平台。它用于显示和编辑幻灯片，在其中可对幻灯片进行文本编辑、设置动画效果，以及插入图片、声音、视频和图表等对象。
- **备注区**：位于幻灯片编辑区下方，在其中可对当前幻灯片添加辅助说明信息。

9.1.2　认识演示文稿与幻灯片

　　演示文稿是指用PowerPoint软件制作的文件，其中包括多张幻灯片，而幻灯片是一种可以制作出带有动画的文档效果，并通过计算机、投影仪等放映出来。它可以使生硬的文本、图片、图表等变得活泼生动，特别适用于演讲、学术报告、授课、产品展示、信息发布和交流等场合。

演示文稿和幻灯片之间是包含和被包含的关系，一个演示文稿由多张幻灯片组成。若将演示文稿比作一本书，幻灯片就是书中的一页。图9-2所示为一个打开的演示文稿（包含多张幻灯片），图9-3所示为其中的一张幻灯片。

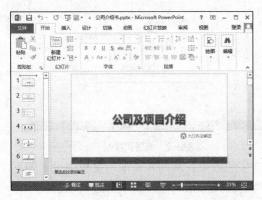

图9-2　演示文稿

图9-3　幻灯片

9.1.3　使用PowerPoint视图

PowerPoint 2013提供了几种视图模式，以满足不同用户的设计需要，切换PowerPoint视图的方法为：在【视图】/【演示文稿视图】组中单击想要切换到的模式按钮，其中包括普通视图、大纲视图、幻灯片浏览视图、备注页视图和阅读视图。下面详细介绍各种视图模式的作用。

● **普通视图**：PowerPoint 2013默认显示普通视图，在其他视图下单击"普通视图"按钮 可切换到普通视图，它是设计幻灯片时主要使用的视图模式，如图9-4所示。

● **大纲视图**：可以输入文本，主要用于查看、编排演示文稿的大纲，和普通视图相比，其大纲栏和备注栏被扩展，而幻灯片栏被压缩。按【Tab】键或【Shift+Tab】组合键可改变内容的级别，如图9-5所示。

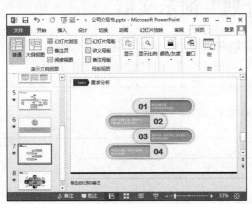

图9-4　普通视图

图9-5　大纲视图

● **幻灯片浏览视图**：幻灯片浏览视图可以浏览整个演示文稿中各张幻灯片的整体效果，改变幻灯片的版式、设计模式、配色方案等，也可以重新排列、添加、复制、删除幻灯片，但不能编辑单张幻灯片的具体内容，如图9-6所示。

● **备注页视图**：将备注窗格以整页格式查看和使用，用户可以方便地在其中编辑备注内容，如图9-7所示。

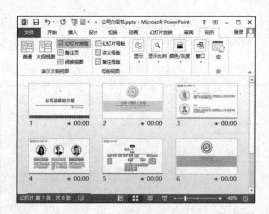

图9-6 幻灯片浏览视图　　　　　　　　　　　图9-7 备注页视图

● **阅读视图**：在阅读视图中可以查看演示文稿的效果，从而预览演示文稿中设置的动画和声音效果，并且能观察到每张幻灯片的切换效果，它将以全屏方式动态显示每张幻灯片的效果，如图9-8所示。

图9-8 阅读视图

9.2　课堂案例：制作"营销计划"演示文稿

　　老洪计划让米拉根据模板来制作一份营销计划演示文稿，主要运用幻灯片的基本操作，然后输入简单的要点文本。本例的参考效果如图9-9所示，下面具体讲解其制作方法。

效果所在位置　效果文件\第9章\营销计划.pptx

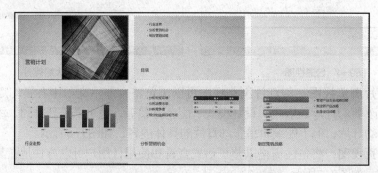

图9-9 "营销计划"演示文稿参考效果

9.2.1　新建演示文稿

首先需新建一个演示文稿，然后在其中执行相应的操作。新建演示文稿包括新建空白演示文稿和新建模板演示文稿，其具体操作如下。

（1）启动PowerPoint 2013，在打开的窗口右侧的列表框中选择"空白演示文稿"选项。这时系统将自动新建一个名为"演示文稿1"的空白文档，如图9-10所示。

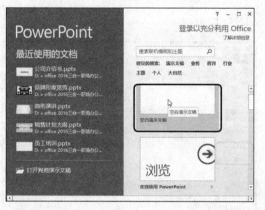

图9-10　新建空白演示文稿

（2）选择【文件】/【新建】菜单命令，在右侧的"新建"栏的"搜索联机模板和主题"文本框中输入"营销"文本，并按【Enter】键，系统将搜索相关的模板演示文稿，在搜索结果中选择"带立体玻璃图案的商业营销演示文稿（宽屏）"选项。

（3）在展开的该演示文稿的说明界面中单击"创建"按钮，系统将下载并创建一个名为"演示文稿2"的模板文档，如图9-11所示。

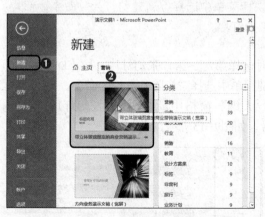

图9-11　新建模板演示文稿

9.2.2　幻灯片的基本操作

幻灯片的基本操作是制作演示文稿的基础，在PowerPoint 2013中，几乎所有的操作都是在幻灯片中完成的。与Excel中工作表的操作相似，幻灯片的基本操作包括新建与删除幻灯片、移动与复制幻灯片，以及隐藏与显示幻灯片等。

1. 新建与删除幻灯片

一个演示文稿往往由多张幻灯片组成，用户可根据实际需要在演示文稿的任意位置新建幻灯片。而对于不需要的幻灯片，用户可以将其删除，具体操作如下。

微课视频

新建与删除幻灯片

（1）在"幻灯片/大纲"窗格中决定要新建幻灯片的位置，如要在第2张幻灯片后面新建幻灯片，则单击第2张幻灯片，然后在【开始】/【幻灯片】组中单击"新建幻灯片"按钮 下方的下拉按钮，在弹出的下拉列表中选择"节标题"选项。

（2）系统将根据选择的版式添加一张幻灯片，如图9-12所示。

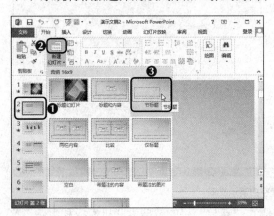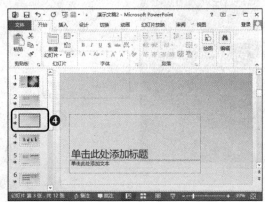

图9-12　添加幻灯片

多学一招

快速新建幻灯片技巧

在"幻灯片/大纲"窗格中按【Enter】键，或在"幻灯片/大纲"窗格中单击鼠标右键，在弹出的快捷菜单中选择"新建幻灯片"命令，都可在当前幻灯片后面插入一张新幻灯片。

（3）在"幻灯片"窗格中按住【Shift】键，同时选择第7张~第12张幻灯片，按【Delete】键或在幻灯片上单击鼠标右键，在弹出的快捷菜单中选择"删除幻灯片"命令。

（4）删除第7张~第12张幻灯片，在"幻灯片/大纲"窗格中就减少了6张幻灯片，同时PowerPoint将自动重新对各幻灯片进行编号，如图9-13所示。

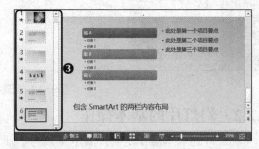

图9-13　删除幻灯片

2. 移动与复制幻灯片

在插入或制作幻灯片时，由于幻灯片的位置决定了它在整个演示文稿中的播放顺序，因此可移动幻灯片重新调整幻灯片的位置，也可通过复制幻灯片将已制作完成的幻灯片复制多份，再根据需要进行修改，这样将减少制作时间，提高工作效率，其具体操作如下。

微课视频
移动与复制幻灯片

（1）在"幻灯片/大纲"窗格中，选择第3张幻灯片，在其上单击鼠标右键，在弹出的快捷菜单中选择"复制幻灯片"命令，此时将在第3张幻灯片的下方直接复制出幻灯片，如图9-14所示。

（2）将鼠标光标移动到刚复制的幻灯片上，按住鼠标左键不放，将其拖动到第7张幻灯片的下方。释放鼠标后，即可将复制的幻灯片移动到该位置并重新编号，如图9-15所示。

图9-14 复制幻灯片

图9-15 移动幻灯片

知识提示

复制幻灯片技巧

选择相应的幻灯片后，在其上单击鼠标右键，在弹出的快捷菜单中选择"复制"命令，可在不同的位置粘贴幻灯片；若选择"复制幻灯片"命令，则直接在所选的幻灯片后粘贴幻灯片。

3. 显示与隐藏幻灯片

隐藏幻灯片的作用是在播放演示文稿时，不显示隐藏的幻灯片，当需要时可再次将其显示出来，其具体操作如下。

微课视频
显示与隐藏幻灯片

（1）在"幻灯片/大纲"窗格中按【Ctrl】键选择第2张和第3张幻灯片，在其上单击鼠标右键，在弹出的快捷菜单中选择"隐藏幻灯片"命令，可以看到幻灯片的编号上有一条斜线，表示幻灯片已经被隐藏。在播放幻灯片时，播放完第1张幻灯片后，将直接播放第4张幻灯片，不会播放隐藏的第2张和第3张幻灯片，如图9-16所示。

（2）在"幻灯片/大纲"窗格中选择隐藏的第2张幻灯片，在其上单击鼠标右键，在弹出的快捷菜单中选择"隐藏幻灯片"命令，即可去除编号上的斜线，在播放时将显示该幻灯片，如图9-17所示。

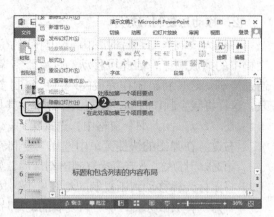

图9-16　隐藏幻灯片　　　　　　　　　　　　图9-17　显示幻灯片

4. 修改幻灯片版式

版式是幻灯片中各种元素的排列组合方式，PowerPoint 2013中默认有11种版式，而修改版式可将原先的幻灯片版式转换为其余版式，其具体操作如下。

微课视频

修改幻灯片版式

（1）在"幻灯片/大纲"窗格中选择第7张幻灯片，在【开始】/【幻灯片】组中单击"版式"按钮▦▾，在弹出的下拉列表中选择"仅标题"选项。

（2）返回幻灯片界面查看修改版式后的效果，如图9-18所示。

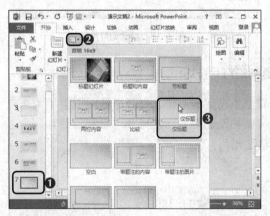

图9-18　修改幻灯片版式

9.2.3　输入并编辑文本

在不同的演示文稿中，其主题、表现方式都会有所差异，但无论是哪种类型的演示文稿，都不可能缺少文字内容。下面在幻灯片中输入并编辑文本，其具体操作如下。

微课视频

输入并编辑文本

（1）选择第1张幻灯片，将鼠标光标移动到显示"标题布局"的标题占位符处拖动选择文本，接着输入"营销计划"文本。选择副标题占位符，按【Delete】键将其删除，如图9-19所示。

（2）选择第2张幻灯片，在【视图】/【演示文稿视图】组中单击"大纲视图"按钮▤，切换到大纲视图模式下，在文本插入点处输入标题"目录"文本，以及在下一级标题中输入目录的内容文本，如图9-20所示。

图9-19　输入标题文本　　　　　　图9-20　输入目录文本

（3）使用相同的方法在其他幻灯片中输入相应的文本内容，如图9-21所示。

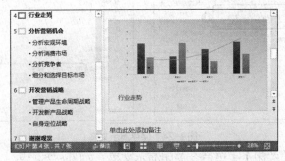

图9-21　输入相应的其他文本

（4）切换到普通视图，在【开始】/【编辑】组中单击 ꭒ替换 按钮，打开"替换"对话框，在"查找内容"下拉列表框中输入"开发"文本，单击 查找下一个(F) 按钮，PowerPoint将自动在该幻灯片中找到输入的内容，并以灰底黑字形式显示，如图9-22所示。

（5）在"替换为"下拉列表框中输入"制定"文本，单击 替换(R) 按钮，将找到的文本进行替换；单击 全部替换(A) 按钮，PowerPoint将全部替换对应的文本，并打开提示框显示替换结果，单击 确定 按钮，如图9-23所示。

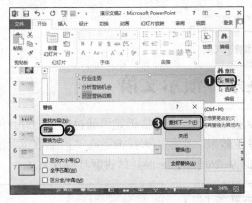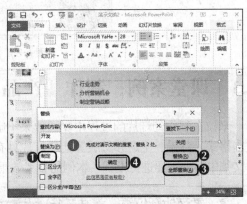

图9-22　查找文本　　　　　　　　图9-23　替换文本

9.2.4 保存和关闭演示文稿

Office 2013 办公软件高级应用立体化教程（微课版）

在创建和编辑演示文稿的同时可对其进行保存，以避免其中的内容丢失。当不需要再进行编辑时，可以将演示文稿关闭。下面将前面创建的演示文稿以"营销计划"为名进行保存，然后再关闭演示文稿，其具体操作如下。

微课视频

保存和关闭演示文稿

（1）在演示文稿中选择【文件】/【保存】菜单命令，在中间窗口"另存为"栏中双击"计算机"选项。

（2）打开"另存为"对话框，在地址栏选择保存演示文稿的位置，在"文件名"下拉列表框中输入名称"营销计划"，然后单击 保存(S) 按钮保存该演示文稿，如图9-24所示。

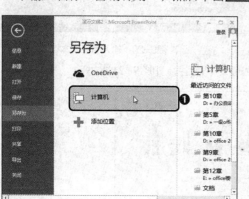
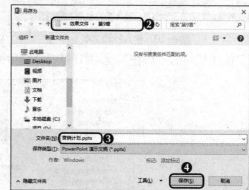

图9-24 保存演示文稿

（3）选择【文件】/【关闭】菜单命令关闭演示文稿，如图9-25所示。

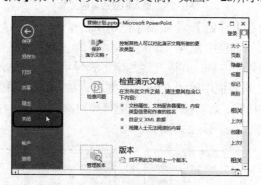

图9-25 关闭演示文稿

9.3 课堂案例：制作"产品展示"演示文稿

米拉在制作幻灯片的过程中觉得效果不够专业和生动，老洪告诉她可通过设置幻灯片的文本格式、背景、主题和母版等让幻灯片具有专业效果。于是，米拉准备在"产品展示"演示文稿中根据需要进行设置。本例的参考效果如图9-26所示，下面具体讲解其制作方法。

素材所在位置 素材文件\第9章\产品展示.pptx
效果所在位置 效果文件\第9章\产品展示.pptx

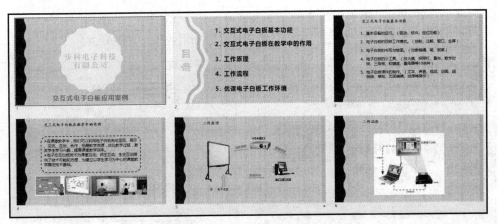

图9-26 "产品展示"演示文稿参考效果

9.3.1 设置文本格式

在幻灯片中输入的文本字体默认为宋体，而幻灯片是一个观赏性较强的文档，因此可设置其文本格式，使其效果更美观。下面在"产品展示"演示文稿中设置文本的格式，其具体操作如下。

微课视频

设置文本格式

（1）打开素材文件"产品展示.pptx"，在其中选择第1张幻灯片，选择文本"步科电子科技有限公司"，在【开始】/【字体】组的"字体"下拉列表框中选择"方正中雅宋简"选项，如图9-27所示。

（2）接着在"字体"组中的"字号"下拉列表框中选择"48"选项，如图9-28所示。

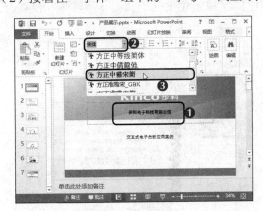

图9-27 设置字体

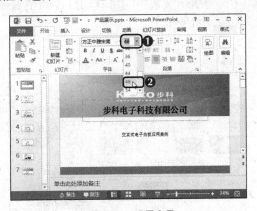

图9-28 设置字号

知识提示

快速设置占位符或文本框中的字体格式

在幻灯片中，将鼠标移至占位符或文本框边框位置，当鼠标形状变为时单击鼠标，然后可直接设置字体、字号和字体颜色等，占位符或文本框中的文本也将按照设置进行变化。

（3）在"字体"组中单击"字体颜色"按钮▲右侧的下拉按钮，在弹出的下拉列表"标准色"栏中选择"橙色"选项，如图9-29所示。

（4）选择"交互式电子白板应用案例"文本，设置其字体格式为"方正准圆简体，40，白色"，在"字体"组中单击"加粗"按钮**B**设置加粗效果，如图9-30所示。

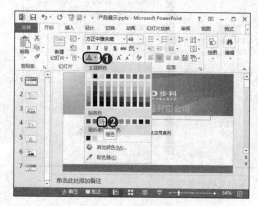

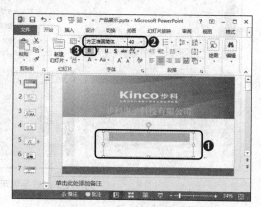

图9-29　设置字体颜色　　　　　　　　　图9-30　设置字体的加粗效果

9.3.2　应用幻灯片主题

使用PowerPoint 2013提供的主题可以快速为演示文稿设置背景、颜色、字体等样式，并且根据需要还可对主题内容进行修改，其具体操作如下。

（1）选择任意一张幻灯片，在【设计】/【主题】组中单击▽按钮，在弹出的下拉列表框的"Office"栏中选择"徽章"选项。

（2）整个演示文稿中的所有幻灯片的主题颜色搭配将发生变化，如图9-31所示。

微课视频
应用幻灯片主题

162

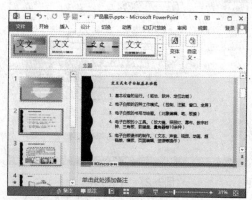

图9-31　设置主题效果

知识提示

自定义主题样式

如果对系统提供的主题不满意，则可以自己设计幻灯片的主题，在【设计】/【变体】组中单击▽按钮，在弹出的下拉列表中可选择"颜色""字体"和"效果"选项，在分别弹出的子列表中可以为幻灯片设置主题的颜色、字体、外观效果。

9.3.3 设置幻灯片背景

幻灯片的背景颜色可以确定整个演示文稿的主色调，在PowerPoint
中可根据需要设置幻灯片背景，其具体操作如下。

（1）在【设计】/【自定义】组中单击"设置背景格式"按钮 ，如
　　图9-32所示。

（2）弹出"设置背景格式"任务窗格，在"填充"栏中单击选中"图
　　片或纹理填充"单选项，如图9-33所示。

图9-32　单击"设置背景格式"按钮

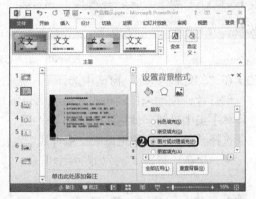

图9-33　选择背景填充效果

（3）单击"纹理"按钮 圖，在弹出的下拉列表中选择"信纸"选项，单击 全部应用(L) 按钮，为全
　　部幻灯片设置背景效果，如图9-34所示。

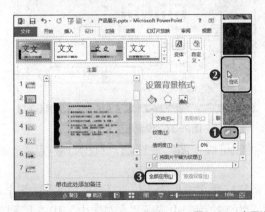

图9-34　应用设置的背景效果

9.3.4 使用幻灯片母版

幻灯片母版通常用来制作具有统一标志、背景、占位符格式、各
级标题文本格式等的版式。制作幻灯片母版实际上就是在母版视图下设
置占位符格式、项目符号、背景、页眉/页脚，其具体操作如下。

（1）选择第1张幻灯片，在【视图】/【母版视图】组中单击
　　圖 幻灯片母版 按钮，进入"幻灯片母版"视图，选择其中原有的图
　　片并按【Delete】键删除，如图9-35所示。

微课视频

设置幻灯片背景

微课视频

使用幻灯片母版

图9-35　进入母版视图并删除图片

（2）在"幻灯片/大纲"窗格中选择下一张幻灯片，删除底部的长条图片。接着选择下一张幻灯片，拖动选择"单击此处编辑母版标题样式"占位符中的文本，在【开始】/【字体】组中设置字体格式为"华文隶书，80，橙色"，如图9-36所示。

（3）选择"单击此处编辑母版文本样式"占位符中的文本，设置其字体格式为"微软雅黑，36，黑色，背景1"，如图9-37所示。

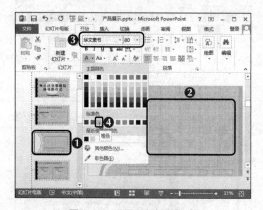

图9-36　设置母版标题样式　　　　　　　　图9-37　设置母版文本样式

（4）在【幻灯片母版】/【关闭】组中单击"关闭母版视图"按钮，退出母版视图，如图9-38所示。

（5）在幻灯片普通视图中选择第1张幻灯片，调整标题文本框大小，在【绘图工具 格式】/【排列】组中单击"对齐"按钮，在弹出的下拉列表中选择"左右居中"和"上下居中"选项，调整文本的位置，将副标题的文本颜色改为"褐色，文字 2，淡色 25%"，并调整文本至合适位置，效果如图9-39所示。

编辑幻灯片母版技巧

　　在编辑幻灯片母版时，选择一张母版幻灯片，在【幻灯片母版】/【母版版式】组中单击"母版版式"按钮，可在打开的"母版版式"对话框中设置选择的幻灯片母版中的对象，如"标题""文本""日期""幻灯片编号""页脚"。

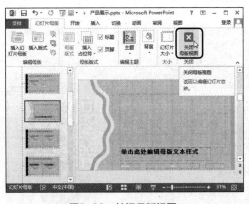

图9-38 关闭母版视图   图9-39 设置文本排列方式

（6）在【开始】/【幻灯片】组中单击"新建幻灯片"按钮 下方的下拉按钮，在弹出的下拉列表中选择"节标题"选项，如图9-40所示。

（7）应用设计的幻灯片母版中的样式，并在"单击此处添加标题"文本框中输入文本"目录"，调整文本框大小并移动位置，如图9-41所示。

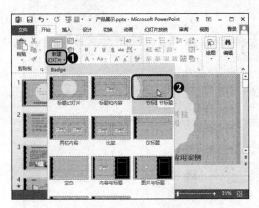

图9-40 新建幻灯片

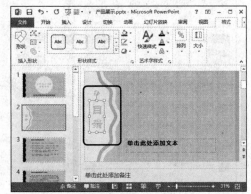

图9-41 编辑文本

（8）拖动鼠标调整"单击此处添加文本"文本框的大小，并在其中输入文本，如图9-42所示。

（9）选择第8张幻灯片，按【Delete】键将其中的图片删除，编辑结束语文本并调整文本框位置，完成演示文稿的制作，效果如图9-43所示。

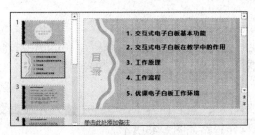

图9-42 编辑目录文本

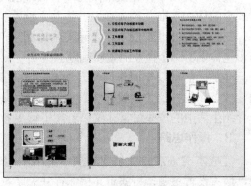

图9-43 演示文稿最终效果

9.4 项目实训

9.4.1 创建"公司礼仪培训"演示文稿

1. 实训目标

微课视频

创建"公司礼仪培训"
演示文稿

本实训的目标是制作公司礼仪培训演示文稿，首先应创建该演示文稿，然后对幻灯片进行编辑，并在各张幻灯片中输入相应的文本，设置主题并保存。本实训完成后的参考效果如图9-44所示。

 效果所在位置 效果文件\第9章\项目实训\公司礼仪培训.pptx

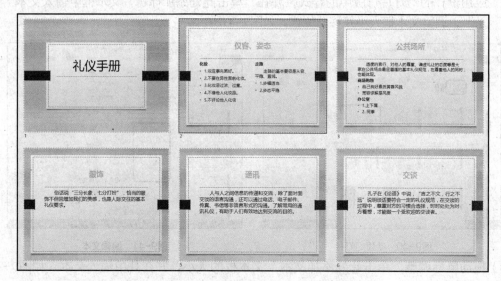

图9-44 "公司礼仪培训"演示文稿效果

2. 专业背景

在人际交往中，礼仪不仅可以有效地展现一个人的教养、风度、魅力，还体现出一个人对社会的认知水准、个人学识、修养、价值。礼仪不仅是提高个人素质和单位形象的必要条件，更是立身处世的根本、人际关系的润滑剂、现代竞争的附加值。因此，员工的礼仪标准与否也体现了一个企业的素质问题。

生活中的礼仪知识包括个人基本礼仪、家庭礼仪、交往礼仪、办公礼仪、宴请礼仪、交通礼仪、场馆礼仪、会议礼仪、通信礼仪、职业服务礼仪、涉外交往礼仪等。在本例中将简单介绍生活中的一些日常礼仪，若想了解更多的礼仪知识，可查阅相关礼仪资料和书籍。

3. 操作思路

完成本实训需要在创建的演示文稿中编辑幻灯片，然后在各个幻灯片中输入并编辑文本，最后设置主题，将演示文稿保存并关闭，其操作思路如图9-45所示。

①创建演示文稿并编辑幻灯片　　　②输入文本内容　　　③设置主题并保存

图9-45　"公司礼仪培训"演示文稿的制作思路

【步骤提示】

（1）新建空白演示文稿，然后添加幻灯片，其中第2张幻灯片版式为"两栏内容"，其余幻灯片版式为"标题和内容"。

（2）在幻灯片中输入相应的文本，然后设置字体格式，其中字体均为"微软雅黑"，字号可根据情况自定，内容幻灯片的标题文本颜色为"浅绿"。

（3）设置主题样式为"环保"，完成后以"公司礼仪培训"为名进行保存并关闭演示文稿。

9.4.2　制作"公司会议"演示文稿

1．实训目标

本实训的目标是制作"公司会议"演示文稿，要求掌握幻灯片母版的设计、主题及背景的应用，以及对文本格式的设置等。本实训完成后的参考效果如图9-46所示。

素材所在位置　素材文件\第9章\项目实训\公司会议.pptx
效果所在位置　效果文件\第9章\项目实训\公司会议.pptx

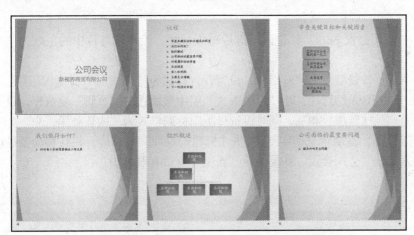

微课视频

制作"公司会议"演示
文稿

图9-46　"公司会议"演示文稿效果

2．专业背景

会议是人们为了解决某个共同的问题或出于不同的目的聚集在一起进行讨论、交流的活动，它往往伴随着一定规模的人员流动和消费。随着社会的飞速发展和社会信息量的不断增长，会议已成为现代社会开展政务、经济、文化、其他活动的一种重要方式。而会议中又通常将问题或讨论话题以演示文稿的方式展现。

演示文稿能够让参会者以简便有效的方式了解本次会议的信息。组织一次成功的会议需要在会议前、会议中以及会议后进行充分的计划和准备，主要包括以下几点。

● **前期的筹备**：确定会议主题、安排议事日程、确定参会人选；确定会议最佳场所；发布会议通知，采集参会人员反馈信息；召集所有发言人开会讨论发言内容；准备会议需要的资料；会场布置；制作演示文稿及宣传资料；准备会议中需要的物资。

● **会议的过程**：掌握现场进展，必要时予以调整；会场服务人员的要求；负责会议记录等。

● **会议结束后续工作**：清理会议现场，检查有无遗留物品、资料等；办理会议结算、报销事项；安排会议旅游、办理返程车票；协调延时退房、用餐等问题；总结、反馈办会经验和不足。

3. 操作思路

完成本实训需要先通过幻灯片母版制作统一的模板，然后在设置了母版的幻灯片中制作会议需要的文本格式，最后应用新建的母版样式，其操作思路如图9-47所示。

①在母版中设置幻灯片主题　　②设置幻灯片背景　　③编辑文本格式

图9-47　"公司会议"演示文稿的制作思路

【步骤提示】

（1）打开素材文件"公司会议.pptx"，进入幻灯片母版视图，设置幻灯片中的主题为"平面"。

（2）在"背景"组中设置背景颜色为"蓝绿"，设置背景样式为"样式10"并全部应用。

（3）选择幻灯片1下方的第1张幻灯片，在"母版版式"组中撤销选中"页脚"复选框，设置母版标题样式为"微软雅黑，48"，同时设置母版副标题样式为"微软雅黑，32"。

（4）退出幻灯片母版视图，在演示文稿中新建1张"标题幻灯片"幻灯片，将其移动至最前方，在其中输入标题"公司会议"和副标题"新视界商贸有限公司"。

9.5　课后练习

本章主要介绍了创建演示文稿、添加和编辑幻灯片、在幻灯片中输入文本、编辑文本格式，以及在幻灯片中设计并应用背景、主题和母版的方法，读者应重点学习关于演示文稿的基本操作，以便为后面的学习打下基础。

练习1：新建"公司简介"演示文稿

本练习要求新建"公司简介.pptx"演示文稿，并在文稿中编辑幻灯片和输入文本，以及在演示文稿中应用主题。参考效果如图9-48所示。

 效果所在位置 效果文件\第9章\课后练习\公司简介.pptx

要求操作如下。

- 新建演示文稿，重命名为"公司简介"，在幻灯片中输入图9-48所示的文本。
- 将幻灯片主题设置为"切片"，主题颜色设置为"蓝色II"，设置文本字体格式，并调整文本位置。
- 新建幻灯片，并在文本占位符中输入图9-48所示的文本，设置文本字体格式。使用相同的方法为第3张～第6张幻灯片输入文本。
- 完成后保存并关闭演示文稿。

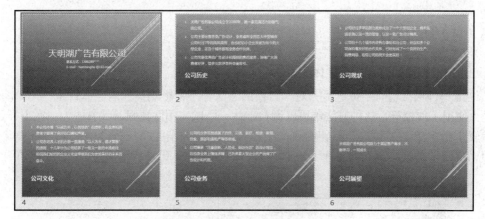

图9-48 "公司简介"演示文稿效果

练习2：编辑"项目管理"演示文稿

本练习要求在"项目管理.pptx"演示文稿中设置主题与背景，并应用母版主题新建幻灯片。参考效果如图9-49所示。

 素材所在位置 素材文件\第9章\课后练习\项目管理.pptx
效果所在位置 效果文件\第9章\课后练习\项目管理.pptx

要求操作如下。

- 打开演示文稿，进入幻灯片母版视图，设置幻灯片大小为宽屏。
- 在母版视图中选择第1张幻灯片，设置母版主题为"裁剪"，背景样式为图片或纹理填充"画布"效果，为第2张和第4张幻灯片应用"画布"效果。
- 在第4张幻灯片中删除页脚，设置形状颜色为"深绿，背景2"，设置其标题样式字符格式为"微软雅黑，28，黑色，背景1"，且左对齐，文本样式字符格式为"微软雅黑，48，黑色，背景1"。
- 应用母版主题，选择第1页新建"节标题"幻灯片，制作目录。

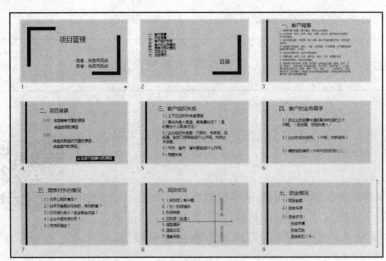

编辑"项目管理"演示文稿

图9-49 "项目管理"演示文稿效果

9.6 技巧提升

1. 精准替换幻灯片文本字体的方法

这是一种根据现有字体进行一对一替换的方法，不会影响其他的字体对象，无论演示文稿是否使用了占位符，这种方法都可以调整字体，所以实用性更强。其方法为：在【开始】/【编辑】组中单击"替换"按钮右侧的下拉按钮，在弹出的下拉列表中选择"替换字体"选项，打开"替换字体"对话框，在其中选择替换的字体，单击 替换(R) 按钮即可，如图9-50所示。

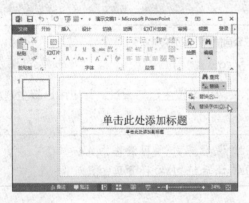

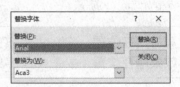

图9-50 精准替换幻灯片文本字体的方法

2. 使用参考线

参考线由初始状态下位于标尺刻度"0"位置的横纵两条虚线组成，可以帮助用户快速对齐页面中的图片、图形和文字等对象，使幻灯片的版面整齐美观。与网格不同，参考线可以根据用户需要添加、删除和移动，并具有吸附功能，能将靠近参考线的对象吸附对齐。在【视图】/【显示】组中单击选中"参考线"复选框，即可在幻灯片中显示参考线。

CHAPTER 10

第10章
美化幻灯片

情景导入

老洪告诉米拉，幻灯片的主要作用是展示，所以要求幻灯片美观。在幻灯片中使用各种元素，以及音频、视频、切换动画和动画效果等设置，可以使幻灯片内容美观大方。

学习目标

● 掌握制作"产品调查报告"演示文稿的方法。

　　如插入与编辑图片、SmartArt图形、艺术字、形状、表格，以及图表。

● 掌握制作"入职培训"演示文稿的方法。

　　如添加并编辑音频、视频，设置幻灯片切换动画和动画效果。

案例展示

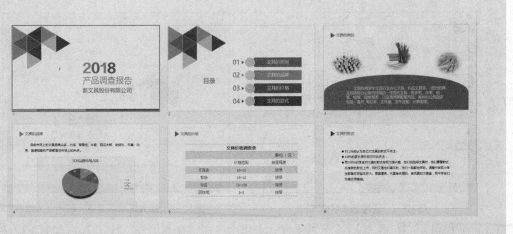

▲ "产品调查报告"演示文稿

10.1 课堂案例：制作"产品调查报告"演示文稿

米拉准备制作一个"产品调查报告.pptx"演示文稿，需要在幻灯片中插入相关的艺术字、形状、图片、表格等元素，通过编辑美化使其与主题相符，达到美化文稿的效果。本例的参考效果如图10-1所示，下面具体讲解其制作方法。

素材所在位置 素材文件\第10章\产品调查报告.pptx、文本.txt、图片1.jpg～图片3.jpg

效果所在位置 效果文件\第10章\产品调查报告.pptx

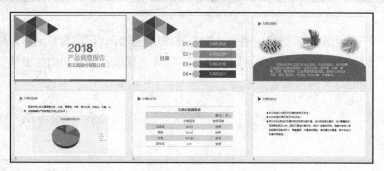

图 10-1 "产品调查报告"演示文稿参考效果

10.1.1 插入与编辑艺术字

艺术字同时具有文字和图片的属性，因此在幻灯片中可以插入艺术字，让文字更具有艺术效果，其具体操作如下。

微课视频

插入与编辑艺术字

（1）打开素材文件"产品调查报告.pptx"，选择第1张幻灯片，在【插入】/【文本】组中单击"艺术字"按钮Ａ，在弹出的下拉列表中选择"填充-黑色，文本1，阴影"选项，如图10-2所示。

（2）此时，在幻灯片中出现一个"请在此放置您的文字"的文本框，提示输入需要的艺术字文本，这里输入"产品调查报告"文本，移动艺术字文本框的位置，如图10-3所示。

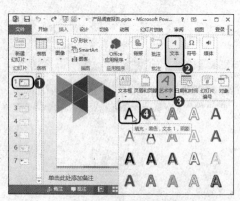

图10-2 选择艺术字样式

图10-3 输入艺术字文本、移动文本框

（3）在【绘图工具 格式】/【艺术字样式】组中单击"文本填充"按钮 **A** 右侧的下拉按钮，在弹出的下拉列表的"标准色"栏中选择"蓝色"选项，如图10-4所示。

Office 2013办公软件高级应用立体化教程（微课版）

（4）拖动鼠标选择文本"新文具股份有限公司"，在【绘图工具 格式】/【艺术字样式】组中单击"快速样式"按钮 🔌，在弹出的下拉列表中选择"填充–黑色，文本1，阴影"选项，接着单击"文本填充"按钮 🅰，即可将此文本转换成与"产品调查报告"文本相同的艺术字样式，如图10-5所示。

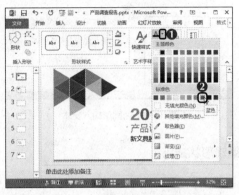

图10-4　设置艺术字文本填充

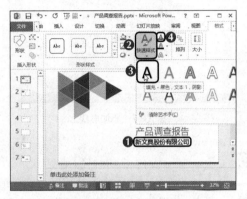

图10-5　将文本转换为艺术字

10.1.2　插入与编辑SmartArt图形

在幻灯片中可以插入各种形状的SmartArt图形，并通过"格式"选项卡对形状、大小、线条样式、颜色以及填充效果等进行设置，其具体操作如下。

（1）选择第2张幻灯片，在【插入】/【插图】组中单击 🔳SmartArt按钮。

（2）打开"选择SmartArt图形"对话框，单击"列表"选项卡，在中间的列表框中选择"垂直图片重点列表"选项，然后单击 确定 按钮，如图10-6所示。

微课视频

插入与编辑
SmartArt 图形

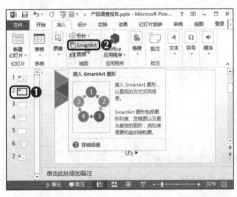

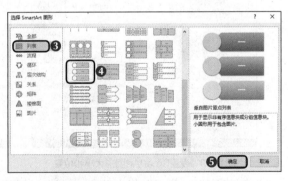

图10-6　选择SmartArt图形

（3）系统将在幻灯片中插入一个列表样式的SmartArt图形，在【SmartArt工具 设计】/【创建图形】组中单击 🗂添加形状 按钮右侧的下拉按钮，在弹出的下拉列表中选择"在后面添加形状"选项，此时在列表图形中添加了一个形状，如图10-7所示。

（4）在"创建图形"组中单击 📄文本窗格 按钮，在打开的"在此处键入文字"窗格中依次输入文本"文具的类别""文具的品牌""文具的价格"和"文具的款式"，效果如图10-8所示。

Office 2013 办公软件高级应用立体化教程（微课版）

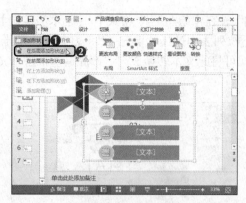

图10-7 添加形状

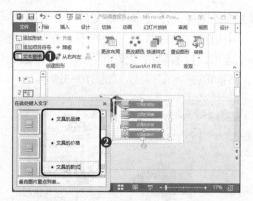

图10-8 为图形输入文本

编辑形状技巧

在SmartArt图形中也可直接单击各个形状图形，待出现插入点后再输入文字；而对于添加的图形，需双击鼠标或单击鼠标右键，在弹出的快捷菜单中选择"编辑文字"命令，即可输入文字。若要删除单个形状，可选择该形状，直接按【Delete】键即可。

（5）选择SmartArt图形，在【SmartArt工具 格式】/【大小】组的"高度"数值框中输入"11厘米"，"宽度"数值框中输入"18厘米"，使用鼠标移动图形，调整其位置，效果如图10-9所示。

（6）在【SmartArt工具 设计】/【SmartArt样式】组中单击"更改颜色"按钮，在弹出的下拉列表"彩色"栏中选择"彩色-着色"选项，如图10-10所示。

图10-9 设置SmartArt图形大小和位置

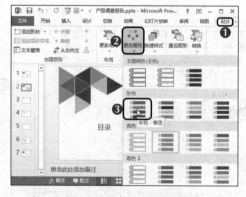

图10-10 更改形状颜色

（7）在"SmartArt样式"组中单击"快速样式"按钮，在弹出的下拉列表中选择"文档的最佳匹配对象"栏中的"白色轮廓"选项，如图10-11所示。

重设SmartArt图形

若对第一次选择的SmartArt图形不满意，可在"布局"中单击"更改布局"按钮，选择其他图形。若只是对图形的样式不满意，可以通过单击"重设图形"按钮，还原为插入时的样式。

（8）返回幻灯片界面查看SmartArt图形效果，如图10-12所示。

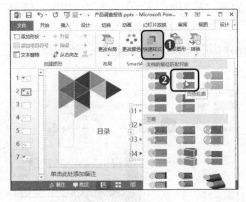
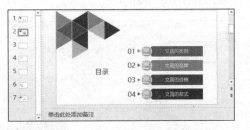

图10-11　快速添加样式　　　　　图10-12　查看SmartArt图形效果

10.1.3　插入与编辑形状

演示文稿中的形状包括线条、矩形、圆形、箭头、星形、标注和流程图等，这些形状通常作为项目元素在SmartArt图形中使用。在很多专业的商务演示文稿中，通过编辑往往能制作出与众不同的形状，吸引观众的注意，其具体操作如下。

（1）在演示文稿中选择第3张幻灯片，在【插入】/【插图】组中单击 **形状** 按钮，在弹出的下拉列表的"基本形状"栏中选择"椭圆"选项，如图10-13所示。

（2）当鼠标光标变为＋时，按住鼠标左键从左向右拖动鼠标绘制椭圆，释放后可以完成椭圆的绘制，如图10-14所示。

微课视频

插入与编辑形状

175

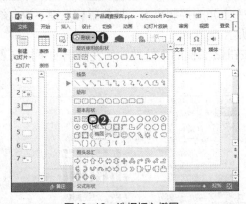
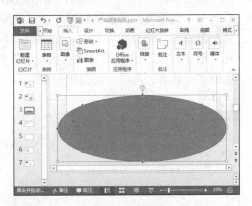

图10-13　选择插入椭圆　　　　　图10-14　绘制椭圆

知识提示

绘制规则的形状

在绘制形状时，如果要从中心开始绘制形状，则按住【Ctrl】键的同时拖动鼠标；如果要绘制规范的正方形和圆形，则按住【Shift】键的同时拖动鼠标。

（3）在【绘图工具 格式】/【插入形状】组中单击"编辑形状"按钮，在弹出的下拉列表中选择"更改形状"选项，在弹出的子列表"流程图"栏中选择"流程图：延期"选项，如图10-15所示。

（4）在"排列"组中单击"旋转"按钮，在弹出的下拉列表中选择"向左旋转90°"选项，如图10-16所示。

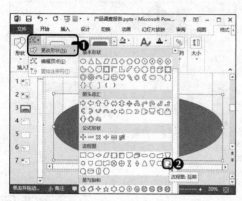

图10-15　更改形状

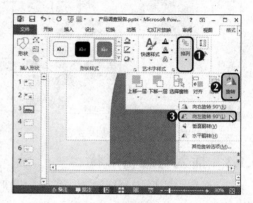

图10-16　旋转形状

合并形状

当在幻灯片中绘制并同时选择两个及以上的形状时，在"插入形状"组中单击"合并形状"按钮，在弹出的下拉列表中即可设置"联合""组合""拆分""相交"和"剪除"。

（5）插入的图片四周有8个控制点，将鼠标光标移动到右下角的控制点上，按住鼠标左键不放向右下角拖曳；接着将鼠标光标移动到左上角的控制点上，按住鼠标左键不放向幻灯片左侧拖曳，调整图片大小，如图10-17所示。

（6）在"形状样式"组中单击"形状轮廓"按钮右侧的下拉按钮，在弹出的下拉列表中选择"无轮廓"选项，如图10-18所示。

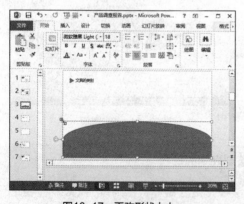

图10-17　更改形状大小

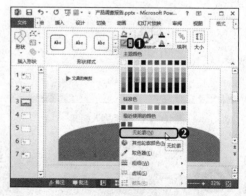

图10-18　设置形状轮廓

（7）在"形状样式"组中单击"形状填充"按钮右侧的下拉按钮，在弹出的下拉列表中选择"取色器"选项，当鼠标光标变为形状时，单击左上角的三角形状，拾取主题色，如图10-19所示。

（8）在形状上单击鼠标右键，在弹出的快捷菜单中选择"编辑文字"命令，如图10-20所示。

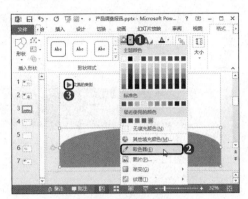

图10-19　设置形状填充色

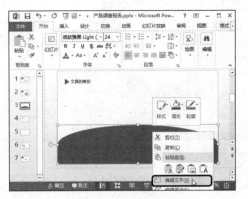

图10-20　选择编辑文字

（9）在【开始】/【段落】组中单击"文字方向"按钮 ⫿⫿▾，在弹出的下拉列表中选择"竖排"选项，接着输入素材文件"文本.txt"中的文本内容，如图10-21所示。

（10）在"字体"组中设置字号为"24"，并在"段落"组中设置文本左对齐和首行缩进"1.8厘米"，如图10-22所示。

图10-21　输入文本并编辑文字方向

图10-22　设置字符格式

（11）在【绘图工具 格式】/【形状样式】组中单击"形状效果"按钮 ◐▾，在弹出的下拉列表中选择"阴影"选项，在弹出的子列表"外部"栏中选择"向上偏移"选项，如图10-23所示。

（12）返回幻灯片中查看形状设置的效果，如图10-24所示。

编辑形状顶点

　　对于插入的形状，虽然类型众多，但其外形都是固定的，可以通过编辑顶点的方式更改形状，其方法为：在【绘图工具】/【插入形状】组中单击"编辑形状"按钮 ⌗▾，在弹出的下拉列表中选择"编辑列表"选项，选择后形状会出现几个黑色方框点，将鼠标光标移动至黑点上，使用鼠标拖动即可自定义形状。

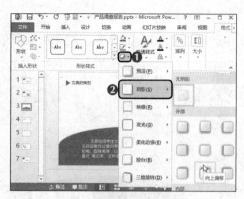

图10-23 设置形状效果

图10-24 添加形状效果

10.1.4 插入与编辑图片

为了使幻灯片内容更丰富，在表述一些文字的作用和目的时更直观，通常需要在幻灯片中插入相应的图片来进行美化，其具体操作如下。

微课视频

插入与编辑图片

（1）在演示文稿中选择第3张幻灯片，在【插入】/【图像】组中单击"图片"按钮🖼。

（2）打开"插入图片"对话框，选择素材文件夹中的"图片1.jpg~图片5.jpg"，单击 插入(S) ▼ 按钮，如图10-25所示。

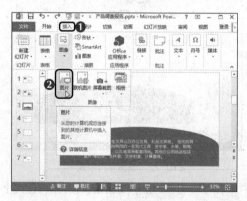

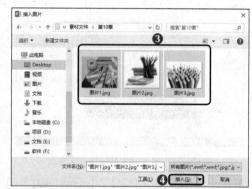

图10-25 插入图片

（3）单击选择最上面的图片，在【图片工具 格式】/【大小】组中单击"裁剪"按钮🖼下方的下拉按钮，在弹出的下拉列表中选择"裁剪为形状"选项，在弹出的子列表中选择"基本形状"栏中的"椭圆"选项，如图10-26所示。

（4）在"大小"组中的"形状高度"数值框中输入"6 厘米"，按【Enter】键确认更改图片大小，如图10-27所示。

多学一招

手动裁剪图片和调整图片大小

在"大小"组中直接单击"裁剪"按钮🖼，拖动图片四周的黑色控制条即可裁剪图片；使用鼠标拖动选择图片时四周出现的圆形控制点，即可改变图片大小，而拖动四角上的控制点不会改变图片长宽比例。

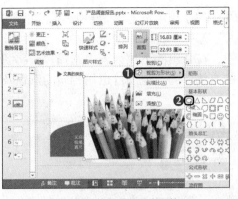

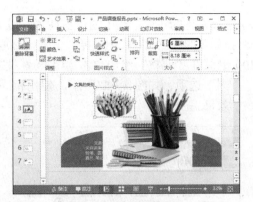

图10-26　将图片裁剪为形状　　　　　图10-27　调整图片大小

（5）将鼠标光标移动到插入的图片上，单击鼠标左键，当鼠标光标将变成✥形状时，将图片拖动到幻灯片的左侧合适位置后释放鼠标，如图10-28所示。

（6）使用相同的方法，为其他图片进行裁剪、调整大小、移动位置的操作，得到的效果如图10-29所示。

图10-28　移动图片位置　　　　　　　图10-29　设置剩余图片

（7）选择左侧的图片，在"图片样式"组中单击"图片效果"按钮 🔲▾，在弹出的下拉列表中选择"柔化边缘"选项，在弹出的子列表中选择"25磅"选项，如图10-30所示。

（8）在【开始】/【剪贴板】组中双击"格式刷"按钮 🖌，当鼠标光标变为🖌形状时，将其移动至其余两张图片处单击，应用图片样式，如图10-31所示。

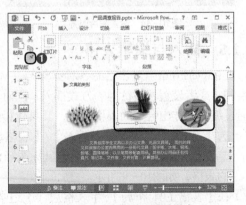

图10-30　设置图片样式　　　　　　　图10-31　复制并应用图片样式

（9）选择左侧的图片，在【图片工具 格式】/【调整】组中单击  按钮，在弹出的下拉列表的"色调"栏中选择"色温：8800 K"选项，如图10-32所示。

（10）继续在"调整"组中单击 艺术效果 按钮，在弹出的下拉列表中选择"十字图案蚀刻"选项，如图10-33所示。使用相同的方法，为其他图片应用相同的颜色及艺术效果。

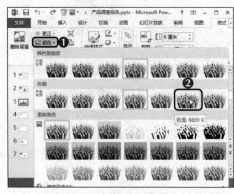

图10-32　调整图片颜色　　　　图10-33　添加艺术效果

（11）利用【Shift】键选择左右两边的图片，在【图片工具 格式】/【排列】组中单击 对齐 按钮，在弹出的下拉列表中选择"底端对齐"选项，如图10-34所示。

（12）使用类似方法为中间的图片设置居中对齐，对图片位置略作调整后的效果如图10-35所示。

图10-34　设置图片对齐　　　　图10-35　编辑后的图片效果

10.1.5　插入与编辑表格

在PowerPoint中对表格的各种操作与在Word中相似，可以通过直接绘制，或者设置表格行列的方式插入；同时，为了与主题契合，还需要通过编辑制作出合适的表格样式，其具体操作如下。

微课视频

插入与编辑表格

（1）选择第5张幻灯片，在【插入】/【表格】组中单击"表格"按钮 ，在弹出的下拉列表中拖动鼠标选择，新建"3×6"行列大小的表格，如图10-36所示。

（2）在【表格工具 布局】/【表格尺寸】组中的"高度"和"宽度"数值框中分别输入"10厘米""26厘米"，按【Enter】键更改表格大小，如图10-37所示。

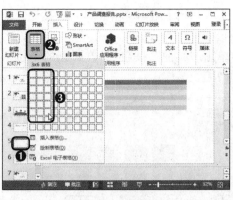

图10-36 插入表格

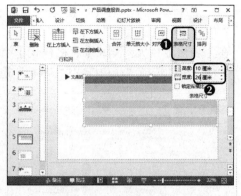

图10-37 设置表格大小

（3）在"排列"组中单击"对齐"按钮🖹，在弹出的下拉列表中选择"左右居中"选项，如图10-38所示。使用相同的方法，再设置表格"上下居中"对齐。

（4）选择第1行表格，在"合并"组中单击"合并单元格"按钮▦，如图10-39所示。

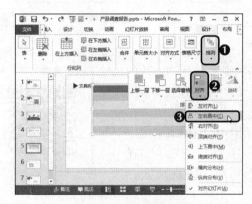

图10-38 调整表格位置

图10-39 合并单元格

（5）在单元格中输入图10-40所示的文本内容。选择整个表格，然后在【表格工具 布局】/【对齐方式】组中单击"居中"按钮≡和"垂直居中"按钮≡，将文本居中。

（6）选择第1行文本内容，在【开始】/【字体】组中设置其字号为"28"，设置其余文本内容字号为"24"，如图10-41所示。

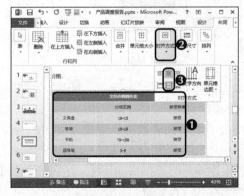

图10-40 输入文本并设置对齐方式

图10-41 设置字符格式

（7）选择第1行单元格，在【表格工具 布局】/【行和列】组中单击 **在下方插入** 按钮，输入文本内容"单位（元）"，并设置右对齐，如图10-42所示。

（8）在【表格工具 设计】/【表格样式】组中单击"其他"按钮 ，在弹出的下拉列表框"淡"栏中选择"浅色样式1–强调4"选项应用表格样式，如图10-43所示。

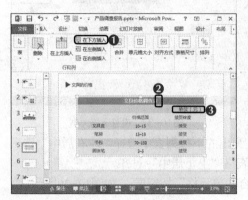

图10-42 插入行并输入、设置文本

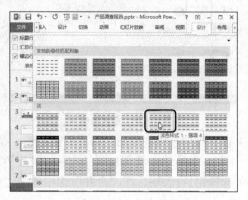

图10-43 应用表格样式

10.1.6 插入与编辑图表

在幻灯片中可以通过插入图表来进行数据的说明，使幻灯片内容更具说服力。通过编辑图表，可以为其设置适合幻灯片主题且美观的图表样式，其具体操作如下。

微课视频

插入与编辑图表

（1）选择第4张幻灯片，在【插入】/【插图】组中单击 **图表** 按钮。

（2）打开"插入图表"对话框，在左侧单击"饼图"选项卡，在中间的列表中选择"三维饼图"选项，然后单击 **确定** 按钮，如图10-44所示。

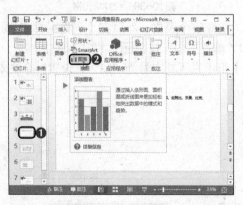

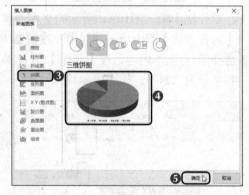

图10-44 插入图表

（3）此时将打开Excel工作界面，在其中的工作表中编辑图表数据，完成后关闭Excel，如图10-45所示。

（4）返回到PowerPoint工作界面中，幻灯片中将根据编辑的数据自动创建一个图表。在【图表工具 设计】/【图表样式】组中单击"快速样式"按钮 ，在弹出的下拉列表中选择"样式 9"选项设置图表样式，如图10-46所示。

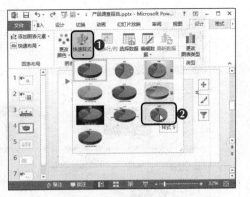

图10-45 编辑表格数据　　　　图10-46 快速应用表格样式

（5）在"图表布局"组中单击 **快速布局** 按钮，在弹出的下拉列表中选择"布局6"选项应用布局样式，如图10-47所示。

（6）调整图表的宽度，完成后的效果如图10-48所示。

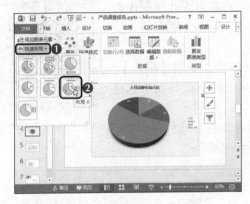

图10-47 设置图表快速布局　　　　　图10-48 插入图表效果

幻灯片中图表的其他设置

在图表工具的"设计""布局"选项卡中，可对图表进行类型、数据、样式和排列等的更改，其方法与在Word 2013和Excel 2013中设置的方法一致。

10.2　课堂案例：制作"入职培训"演示文稿

公司近期招入了一批新员工，准备开展一场入职培训，老洪让米拉尝试制作一份"入职培训.pptx"演示文稿，要求添加背景音乐，以及企业礼仪宣讲视频，并添加合适的动画效果和切换效果，使其流畅地播放。本例的参考效果如图10-49所示，下面具体讲解其制作方法。

素材所在位置　素材文件\第10章\入职培训.pptx、音频.mp3、视频.mp4
效果所在位置　效果文件\第10章\入职培训.pptx

图 10-49 "入职培训"演示文稿参考效果

10.2.1　添加并编辑音频

某些演示场合需要生动活泼的幻灯片来吸引观众。因此在制作幻灯片时，用户可以插入剪辑声音、添加音乐或为幻灯片录制配音等，使幻灯片声情并茂，其具体操作如下。

（1）打开素材文件"入职培训.pptx"，选择第1张幻灯片，在【插入】/【媒体】组中单击"音频"按钮 ，在弹出的下拉列表中选择"PC上的音频"选项。

（2）打开"插入音频"对话框，在地址栏中选择文件存储位置，然后选择"音频.mp3"选项，单击 插入(S) ▾ 按钮插入音频文件，如图10-50所示。

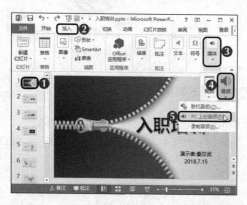
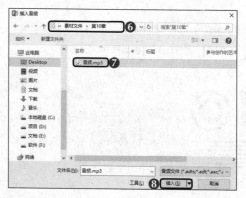

图10-50　插入音频

插入其他音频文件

除了可以插入"PC上的音频"，还可以插入"录制音频"和"联机音频"。其中，"录制音频"可以通过录音设备将演讲者的声音录制插入到幻灯片中，而"联机音频"可以通过网络搜索插入音频。

（3）拖动音频图标至幻灯片右上角，接着在【音频工具 播放】/【编辑】组中单击"剪裁音频"按钮 。

（4）打开"剪裁音频"对话框，在"开始时间"数值框中输入"00:06.700"，在"结束时间"数值框中输入"01:50.000"，或者拖动中间滚动条上的滑块，确定开始和结束时间，单击 确定 按钮，如图10-51所示。

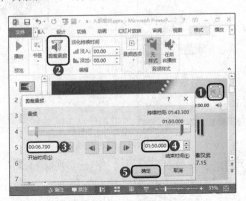

图10-51 裁剪音频

（5）在"音频选项"组中单击"音量"按钮🔊，在弹出的下拉列表中选择"中"选项，接着在"开始"下拉列表框中选择"自动"选项，表示幻灯片放映时，音乐自动开始播放，单击选中"放映时隐藏""跨幻灯片播放"和"循环播放，直到停止"复选框，分别表示放映时隐藏音频图标、切换幻灯片后继续播放音乐、循环播放音乐直到放映结束，如图10-52所示。

（6）在"预览"组中单击"播放"按钮▶，试听音频编辑后的效果，如图10-53所示。

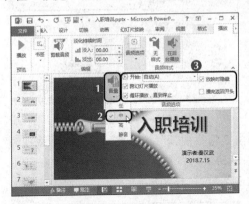

图10-52 播放设置

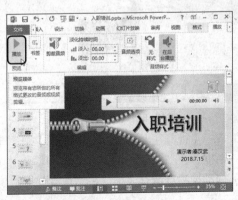

图10-53 预览播放音频

10.2.2 添加并编辑视频

添加视频可使幻灯片看起来更加丰富多彩。视频可以直接在幻灯片中放映，同时可在"视频工具 播放"选项卡中对视频进行编辑，如设置音量、循环播放、播放视频的方式等，其具体操作如下。

（1）选择第9张幻灯片，在【插入】/【媒体】组中单击"视频"按钮 ▣，在弹出的下拉列表中选择"PC上的视频"选项。

（2）打开"插入视频文件"对话框，在地址栏中选择文件存储位置，然后选择"视频.mp4"选项，单击 插入(S) ▼ 按钮插入视频文件，如图10-54所示。

微课视频

添加并编辑视频

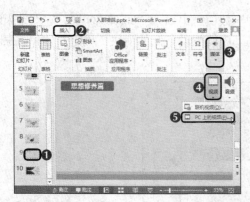

图10-54　插入视频

（3）选择【视频工具 格式】/【视频样式】组，单击"视频样式"按钮，在弹出的下拉列表的"中等"栏中选择"中等复杂框架，黑色"选项，如图10-55所示。

（4）在【视频工具 播放】/【视频选项】组中单击"音量"按钮，在弹出的下拉列表中选择"中"选项，完成音量设置；在"开始"下拉列表框中选择"单击时"选项，表示单击鼠标后开始播放视频，单击选中"播完返回开头"复选框，如图10-56所示。

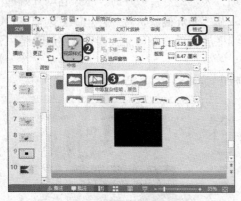

图10-55　设置视频样式　　　　　　　　　　　图10-56　设置视频选项

（5）选择【视频工具 播放】/【编辑】组，单击"剪裁视频"按钮，打开"剪裁视频"对话框，在"结束时间"数值框中输入"00:14.512"，单击　确定　按钮，如图10-57所示。

（6）拖动控制点调整大小，在"预览"组中单击"播放"按钮预览视频，如图10-58所示。

图10-57　剪裁视频　　　　　　　　　　　图10-58　调整视频大小并播放预览

10.2.3 设置幻灯片切换动画

幻灯片切换方案是PowerPoint为幻灯片从一张切换到另一张时提供的多种多样的动态视觉显示方式，使用切换动画可以使幻灯片在播放时更加生动，其具体操作如下。

微课视频

设置幻灯片切换动画

（1）在演示文稿中选择第1张幻灯片，在【切换】/【切换到此幻灯片】组中单击"切换样式"按钮▣，在弹出的下拉列表中选择"华丽型"栏中的"涡流"选项，如图10-59所示。

（2）在"切换到此幻灯片"组中单击"效果选项"按钮▣，在弹出的下拉列表中选择"自右侧"选项，为幻灯片设置切换的效果，如图10-60所示。

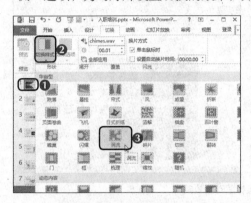

图10-59　选择切换方案

图10-60　设置效果选项

（3）在"计时"组中的"声音"下拉列表框中选择"单击"选项，为幻灯片设置切换时的声音，如图10-61所示。

（4）在"持续时间"数值框中输入"03.00"秒，单击 全部应用按钮，如图10-62所示。至此完成幻灯片切换动画的设置。

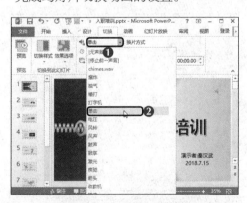

图10-61　选择计时声音

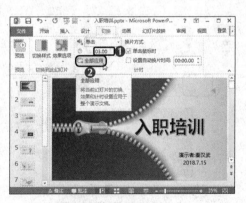

图10-62　设置时间

删除切换动画

如果要删除应用的切换动画，选择应用了切换动画的幻灯片，在切换动画样式列表框中选择"无"选项，即可删除应用的切换动画效果。

10.2.4 设置幻灯片动画效果

动画效果是指放映幻灯片时出现的一系列动作。为了使制作出来的演示文稿更加生动，用户可为幻灯片中不同的对象设置不同的动画效果。PowerPoint 2013中提供了丰富的内置动画样式，用户可以根据需要进行添加，其具体操作如下。

微课视频

设置幻灯片动画效果

（1）选择第1张幻灯片中的标题文本框，在【动画】/【动画】组中的 "动画样式" 下拉列表框的 "进入" 栏中选择 "轮子" 选项。

（2）在 "计时" 组中的 "开始" 下拉列表框中选择 "上一动画之后" 选项，如图10-63所示。

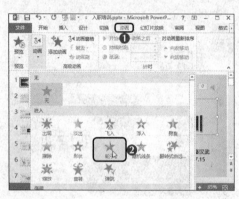
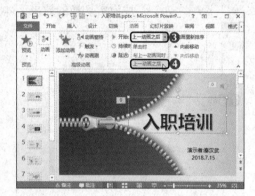

图10-63 设置标题动画效果

（3）选择副标题文本框，为其设置进入动画为 "随机线条"，在 "计时" 组中的 "开始" 下拉列表框中选择 "与上一动画同时" 选项，持续时间设置为 "02.00" 秒，如图10-64所示。

（4）在 "高级动画" 组中单击 "添加动画" 按钮★，在弹出的下拉列表框 "强调" 栏中选择 "波浪形" 选项，并将开始方式设置为 "上一动画之后"，如图10-65所示。

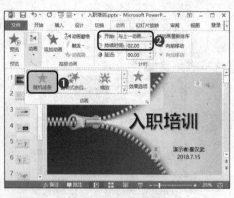
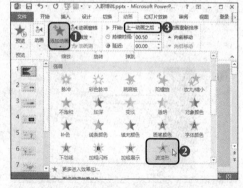

图10-64 设置副标题动画　　　　　　图10-65 添加动画

（5）在 "动画" 组中单击 "效果选项" 按钮，在弹出的下拉列表中选择 "作为一个对象" 选项，如图10-66所示。

（6）在幻灯片窗格中选择第2张幻灯片，在 "高级动画" 组中单击 动画窗格按钮，打开 "动画窗格" 任务窗格，在动画效果列表框的第2个选项上单击鼠标右键，在弹出的快捷菜单中选择 "效果选项" 命令，如图10-67所示。

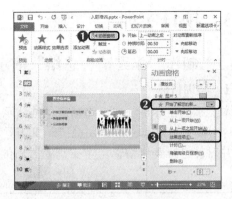

图10-66 设置效果选项 　　　　　　　　图10-67 选择计时命令

（7）打开"上浮"对话框，在"开始"下拉列表框中选择"上一动画之后"选项，在"期间"下拉列表框中选择"非常快0.5秒"选项，如图10-68所示。

（8）单击"效果"选项卡，在"动画文本"下拉列表中选择"按字/词"选项，单击 **确定** 按钮完成对添加动画的设置，如图10-69所示。

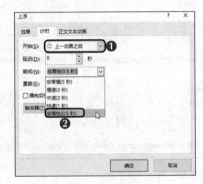 

图10-68 设置动画计时 　　　　图10-69 设置文本动画效果

（9）选择第8张幻灯片中最左侧的文本框，在"动画"组中的下拉列表框中选择"动作路径"栏中的"自定义路径"选项。

（10）将鼠标光标移到幻灯片上，当其变成十形状时，移动到文本上单击路径的起点，然后在需要的地方单击鼠标形成转折点，绘制完成后双击鼠标，确定路径的终点，如图10-70所示。

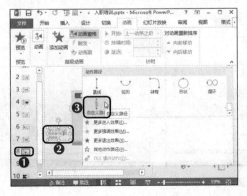 

图10-70 设置动作路径动画

10.3 项目实训

10.3.1 制作"年终销售总结"演示文稿

1. 实训目标

本实训的目标是制作年终销售总结演示文稿，要求重点掌握在幻灯片中插入艺术字、SmartArt图形、形状、图片、表格和图表等元素，并对其进行美化编辑。本实训完成后的参考效果如图10-71所示。

制作"年终销售总结"演示文稿

 素材所在位置 素材文件\第10章\项目实训\年终销售总结.pptx、图片4.jpg、图片5.jpg

效果所在位置 效果文件\第10章\项目实训\年终销售总结.pptx

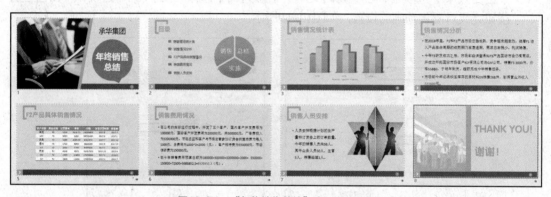

图10-71 "年终销售总结"演示文稿效果

2. 专业背景

年终销售总结是对一年内公司销售情况的总结，通过使用表格和图表展示一年的销售数据情况，并加以文字描述的辅助，将销售情况总结并展示出来，方便公司领导层了解公司的经营现状，为以后制定发展战略提供数据指导。

3. 操作思路

完成本实训需要在幻灯片中根据数据插入与编辑表格、图表，并插入与编辑图片、形状、艺术字和SmartArt图形美化幻灯片，其操作思路如图10-72所示。

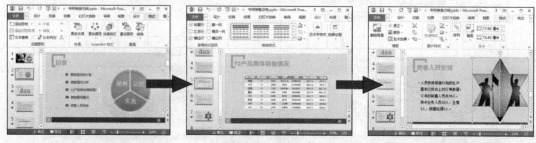

①插入并编辑艺术字与SmartArt图形　②插入并编辑图表与表格　③插入并编辑形状与图片

图10-72 "年终销售总结"演示文稿的制作思路

【步骤提示】

（1）打开素材文件"年终销售总结.pptx"，在第1页中插入艺术字样式"填充–黑色，文本1，阴影"，输入文本"承华集团"，设置字体为"微软雅黑"，调整位置到右上角。

（2）选择第2张幻灯片，在其中插入SmartArt图形"分段循环"，输入文本并设置颜色为"彩色范围–着色2至3"，样式为"强烈效果"。

（3）在第3张幻灯片中插入图表"三维簇状柱形图"，输入数据并设置颜色为"颜色3"，样式为"样式11"，删除图表标题，调整图表大小。

（4）在第5张幻灯片中插入一个9行7列的表格，输入数据后调整表格大小，并设置表格样式为"中度样式3–强调2"，设置单元格文本"居中"和"垂直居中"，表格"左右居中"。

（5）在第7张幻灯片中插入"矩形"，并填充图片"图片4.jpg"，添加阴影样式"内部居中"，设置艺术效果"纹理化"，裁剪为形状"六角星"。

（6）选择第8张幻灯片，插入图片"图片5.jpg"，设置艺术效果为"十字图案蚀刻"，并重新着色为"灰色–25%，背景颜色2浅色"。

10.3.2　制作"产品展示"演示文稿

1. 实训目标

本实训的目标是制作"产品展示"演示文稿，该目标要求掌握在幻灯片中应用音频、视频、切换动画和效果动画。本实训完成后的参考效果如图10-73所示。

素材所在位置	素材文件\第10章\项目实训\产品展示.pptx、音频.mp3、视频2.mp4
效果所在位置	效果文件\第10章\项目实训\产品展示.pptx

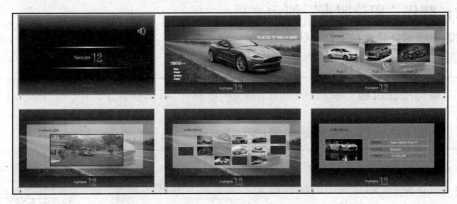

图10-73　"产品展示"演示文稿效果

2. 专业背景

产品展示是指对客户的产品进行详细展示，包括产品的规格、款式、颜色等所有信息。通过演示文稿让顾客更直观地了解视频中所展示的产品及其每一个信息。

3. 操作思路

完成本实训需要先完成媒体文件的添加与编辑，再逐步应用切换动画与动画效果，其操作思路如图10-74所示。

微课视频

制作"产品展示"演示文稿

①插入并编辑音频　　　②插入并编辑视频　　　③设置切换动画

图10-74　"产品展示"演示文稿的制作思路

【步骤提示】

（1）选择第1张幻灯片，在幻灯片中插入音频文件"音频.mp3"，将音频图标移动至页面右上角，裁剪音频，音频"开始"为自动，跨幻灯片播放、循环播放和放映时隐藏。

（2）选择第4张幻灯片，插入视频文件"视频2.mp4"，调整视频大小，位置居中，设置视频样式为"中等复杂框架，黑色"，设置视频边框粗细为"3 磅"，调整更正为"亮度：+20% 对比度：+40%"，裁剪视频结束时间为"00:15"。

（3）设置幻灯片切换动画为"旋转"，并单击 全部应用 按钮，其余保持默认。

（4）为幻灯片中的元素设置动画效果，设置其效果选项、计时和开始方式。

10.4　课后练习

本章主要介绍了插入与编辑艺术字、SmartArt图形、形状、图片、表格和图表等元素的应用，以及添加并编辑音频、视频，设置幻灯片切换动画与动画效果，读者应重点学习和练习在演示文稿中使用各种元素美化幻灯片的相关知识。

练习1：制作"职位职责"演示文稿

本练习要求打开素材文件"职位职责.pptx"，在演示文稿中插入与编辑SmartArt图形、图表、图片和形状。参考效果如图10-75所示。

 素材所在位置　素材文件\第10章\课后练习\职位职责.pptx、图片6.jpg、图片7.jpg
　　　　　　　　效果所在位置　效果文件\第10章\课后练习\职位职责.pptx

要求操作如下。

- 设置第1张幻灯片中的副标题文本为艺术字样式"填充–蓝色，着色1，阴影"。
- 在第2张幻灯片中添加SmartArt图形"结构组织图"，更改颜色为"深色 2 填充"，应用"强烈效果"快速样式，删除和添加形状，并应用"标准"的组织结构布局图样式，添加"圆"棱台形状样式，输入文本，并调整图形位置。
- 接着在第2张幻灯片中插入图片"图片6.jpg"，重新着色为"蓝色，着色1 浅色"，并添加"内部"阴影，裁剪为形状"燕尾形"，置于幻灯片右侧。
- 在第3张幻灯片中插入形状"菱形"，填充图片"图片7.jpg"，并将其置于底层。

微课视频

制作"职位职责"演示文稿

- 选择第4张幻灯片，添加图表"三维簇状柱形图"，编辑数据并设置快速样式为"样式2"，添加和去除各种图表元素。

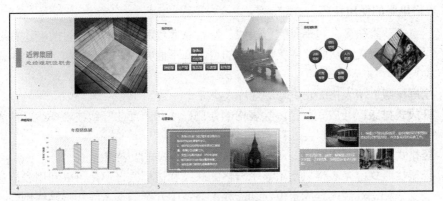

图10-75 "职位职责"演示文稿效果

练习2：编辑"旅游策划"演示文稿

本练习要求打开"旅游策划.pptx"演示文稿，为演示文稿插入音频和视频，并设置切换动画与动画效果。参考效果如图10-76所示。

| 素材所在位置 | 素材文件\第10章\课后练习\旅游策划.pptx、背景音乐.mp3、宣传片.mp4 |
| 效果所在位置 | 效果文件\第10章\课后练习\旅游策划.pptx |

要求操作如下。
- 选择第1张幻灯片，在幻灯片中插入音频文件"背景音乐.mp3"，将音频图标移动至页面右上角，裁剪音频，并在"音频选项"组中设置音量为"低"，音频"开始"为自动，跨幻灯片播放、循环播放和放映时隐藏。
- 选择第5张幻灯片，在幻灯片中插入视频文件"宣传片.mp4"，调整视频大小至适合幻灯片中手机屏幕的大小，裁剪视频结束时间为"06:10.000"。
- 为幻灯片应用任意不同的切换效果，并设置其效果选项。
- 为幻灯片中的元素设置动画效果。

微课视频

编辑"旅游策划"演示文稿

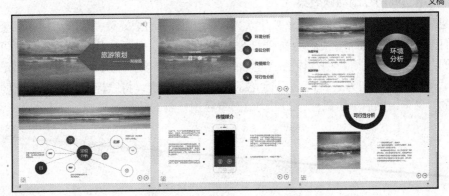

图10-76 "旅游策划"演示文稿效果

10.5 技巧提升

1．表格排版的使用技巧

表格的组成要素很多，包括长宽、边线、空行、底纹和方向等，通过改变这些要素可以制作出不同的表格版式，从而达到美化表格的目的。下面介绍几种商务演示文稿中常用的表格排版方式。

- **全屏排版**：使表格的长宽与幻灯片大小完全一致。
- **开放式排版**：开放式就是擦除表格的外侧框线和内部的竖线或者横线，使表格由单元格组合变成行列组合。
- **竖排式排版**：利用与垂直文本框相同的排版方式排版表格。
- **无表格版式**：无表格只是不显示表格的底纹和边框线，但是可以利用表格进行版面的划分和幻灯片内容的定位，功能和上一章中介绍的参考线和网格线相同。在很多平面设计中，如网页的切片、杂志的排版等都采用了无表格版式。

2．为SmartArt图形的单个形状设置动画

如果要为SmartArt图形中的单个形状添加动画，其方法为：选择SmartArt图形中的单个形状，为其添加动画，然后在【动画】组中单击"效果选项"按钮，在打开列表的"序列"栏中选择"逐个"选项，在"动画窗格"窗格中单击选项左下角的"展开"按钮，打开SmartArt图形中的所有形状选项，选择某个形状对应的选项，为其重新设置单个动画，如图10-77所示。

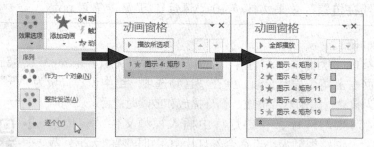

图10-77 为SmartArt图形的单个形状设置动画

若在打开列表的"序列"栏中选择"作为一个对象"选项，就可以将单个形状重新组合为一个图形设置动画。

3．使用动画刷复制动画效果

如果需要为演示文稿中的多个幻灯片对象应用相同的动画效果，依次添加动画会非常麻烦，而且浪费时间，这时可使用动画刷快速复制动画效果，然后应用幻灯片对象即可。使用动画刷的方法为：在幻灯片中选择已设置动画效果的对象，然后在【动画】/【高级动画】组中单击"动画刷"按钮，此时，鼠标光标将变成形状，将鼠标光标移动到需要应用动画效果的对象上，然后单击鼠标，即可为该对象应用复制的动画效果。

CHAPTER 11

第11章
PowerPoint 幻灯片交互与放映输出

情景导入

制作幻灯片最大的作用是用于放映展示，老洪准备让米拉学习使用超链接和触发器的相关知识，以及掌握放映幻灯片的相关技巧，并了解幻灯片的打包与发布，让其能够放映输出制作的幻灯片。

学习目标

● 掌握制作"企业资源分析"演示文稿的方法。

　　如创建与编辑超链接、使用触发器。

● 掌握放映"总结分析报告"演示文稿的方法。

　　如隐藏幻灯片、录制旁白、排练计时，以及设置幻灯片放映方式。

● 掌握放映输出"旅游策划"演示文稿的方法。

　　如打包与发布幻灯片等。

案例展示

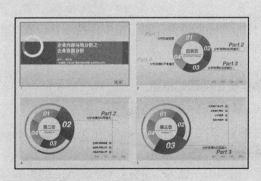

▲ "企业资源分析"演示文稿

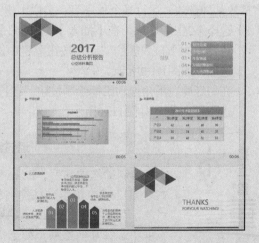

▲ "总结分析报告"演示文稿

11.1 课堂案例：制作"企业资源分析"演示文稿

老洪制作了一份企业资源分析演示文稿，准备在公司会议上演讲，由于没有设置超链接和触发器，暂时无法实现自定义播放的功能，所以老洪准备交给米拉制作动画的交互效果。本例的参考效果如图11-1所示，下面具体讲解其制作方法。

 素材所在位置 素材文件\第11章\企业资源分析.pptx
效果所在位置 效果文件\第11章\企业资源分析.pptx

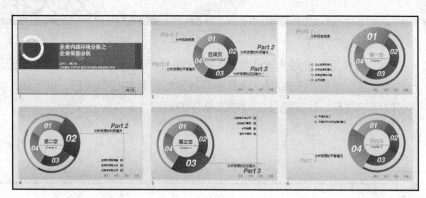

图 11-1 "企业资源分析"演示文稿参考效果

11.1.1 创建与编辑超链接

通常情况下，放映幻灯片是按照默认的顺序依次放映的，如果在演示文稿中创建超链接，就可以通过单击链接对象，跳转到其他幻灯片、电子邮件或网页中。下面将详细讲解在演示文稿中创建和编辑超链接的相关操作。

1. 绘制动作按钮

在 PowerPoint 中，动作按钮的作用是当单击或鼠标指向这个按钮时产生某种效果，例如链接到某一张幻灯片、某个网站、某个文件，或者播放某种音效、运行某个程序等，类似于超链接，其具体操作如下。

微课视频

绘制动作按钮

（1）选择第2张幻灯片，在【插入】/【插图】组中单击 形状 按钮，在弹出的下拉列表的"动作按钮"栏中选择"动作按钮：开始"选项，如图11-2所示。

（2）在幻灯片右下角拖动鼠标绘制按钮，在打开的"操作设置"对话框中保持默认设置并单击 确定 按钮，如图11-3所示。

多学一招

通过动作按钮创建超链接

绘制动作按钮后，PowerPoint自动将一个超链接功能赋予该按钮，如在图11-3中单击该按钮将链接到第1张幻灯片。如果需要改变链接的对象，可以在图11-3所示的对话框的"超链接到"单选项下面的下拉列表框中选择其他选项，如选择"幻灯片"选项，将打开"超链接到幻灯片"对话框，将按钮设置链接到其他的幻灯片。

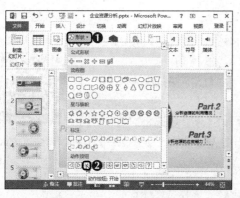

图11-2 选择"动作按钮"选项

图11-3 绘制按钮

（3）在"插图"组中单击"形状"按钮，在弹出的下拉列表的"动作按钮"栏中选择"动作
按钮：后退或前一项"选项，如图11-4所示。

（4）在开始按钮右侧绘制按钮，在打开的"操作设置"对话框中单击 确定 按钮，如图11-5
所示。

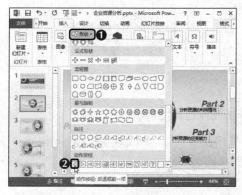

图11-4 设置动作按钮形状

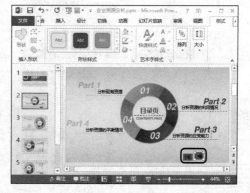

图11-5 添加按钮

（5）继续使用相同的方法，分别再添加两个动作按钮"动作按钮：前进或下一项"和"动
作按钮：结束"，如图11-6所示。

（6）调整按钮位置，使调整后的按钮远离幻灯片外边框，完成后的效果如图11-7所示。

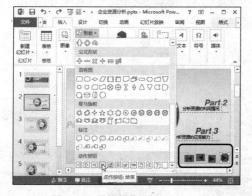

图11-6 添加其余按钮

图11-7 添加动作按钮后的效果

2. 编辑动作按钮的超链接

编辑动作按钮的超链接包括调整超链接的对象，设置超链接的动作等，其具体操作如下。

微课视频

编辑动作按钮的超链接

（1）在最左侧开始动作按钮上单击鼠标右键，在弹出的快捷菜单中选择"编辑超链接"命令，如图11-8所示。

（2）打开"操作设置"对话框，单击选中"播放声音"复选框，在下面的下拉列表框中选择"电压"选项，单击 确定 按钮，如图11-9所示。

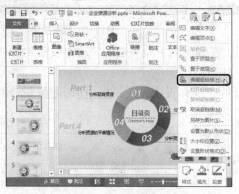

图11-8　选择编辑超链接　　　　　图11-9　设置播放声音

多学一招

为动作按钮设置其他声音

在"播放声音"下拉列表框中选择"其他声音"选项，可以将计算机中的音频文件设置为单击动作按钮时播放的声音。

（3）在后退动作按钮上单击鼠标右键，在弹出的快捷菜单中选择"编辑超链接"命令，如图11-10所示。

（4）打开"操作设置"对话框，单击"鼠标悬停"选项卡，单击选中"播放声音"复选框，在下面的下拉列表框中选择"风声"选项，单击 确定 按钮，如图11-11所示。

图11-10　选择编辑超链接　　　　　图11-11　设置悬停声音

（5）使用与上两步相同的方法，为前进动作按钮设置悬停声音"风声"；为结束动作按钮设置单击鼠标声音"鼓掌"，如图11-12所示。

图11-12　设置前进按钮和结束按钮声音

知识提示

鼠标悬停的动作

如果在图11-12所示的"鼠标悬停"选项卡中单击选中"超链接到"单选项，然后在下面的下拉列表框中选择一个对象，当播放幻灯片，鼠标移动到该动作按钮上时，将自动跳转到设置的对象。

3. 编辑动作按钮样式

在 PowerPoint 中，动作按钮也属于形状的一种，所以也可以像形状一样设置样式，具体操作步骤如下。

（1）按住【Shift】键，同时选中4个绘制的动作按钮，在【绘图工具格式】/【大小】组的"高度"数值框中输入"1厘米"，在"宽度"数值框中输入"1.5厘米"，如图11-13所示。

（2）在"排列"组中单击"对齐"按钮，在弹出的下拉列表中选择"上下居中"选项，如图11-14所示。

微课视频

编辑动作按钮样式

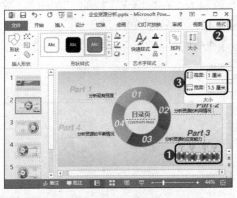

图11-13　统一按钮大小

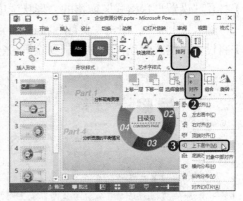

图11-14　设置对齐

（3）按【Shift】键的同时使用鼠标水平拖动最左侧的按钮，调整按钮间的距离，效果如图11-15所示。

（4）选择所有按钮，继续在"排列"组中单击"对齐"按钮，在弹出的下拉列表中选择

"横向分布"选项，如图11-16所示。

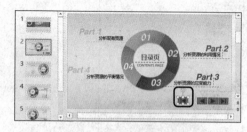

图11-15 移动按钮位置

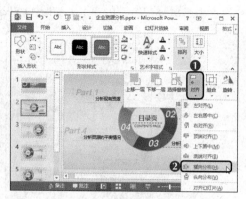

图11-16 设置横向分布

（5）在"形状样式"组中单击"形状效果"按钮 🔲▾，在弹出的下拉列表中选择"柔化边缘"选项，在弹出的子列表中选择"10磅"选项，如图11-17所示。

（6）在选中的动作按钮上单击鼠标右键，在弹出的快捷菜单中选择"设置对象格式"命令，如图11-18所示。

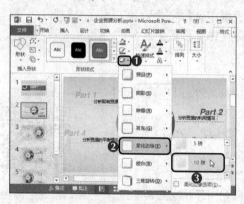

图11-17 设置边缘柔化

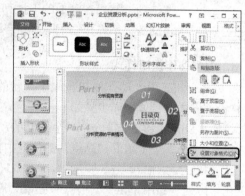

图11-18 选择菜单命令

（7）打开"设置形状格式"窗格的"形状选项"选项卡，在"填充"栏的"透明度"数值框中输入"80%"，单击"关闭"按钮 ✖ 关闭窗格，如图11-19所示。

（8）将设置好格式的动作按钮复制到除第1张幻灯片外的其他幻灯片中，如图11-20所示。

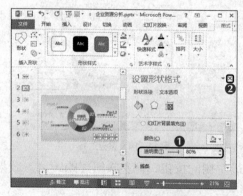

图11-19 设置形状透明度

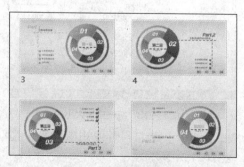

图11-20 复制粘贴按钮

4. 创建超链接

在 PowerPoint 中单击超链接，可以将放映中的幻灯片跳转至需要的链接地址，其地址可以是文件夹地址、网页地址或当前演示文稿中的幻灯片。使用图片、文字、图形和艺术字等都可以创建超链接，其具体操作如下。

微课视频

创建超链接

（1）选择第2张幻灯片，在"Part 1"文本框中单击鼠标右键，在弹出的快捷菜单中选择"超链接"命令，如图11-21所示。

（2）打开"插入超链接"对话框，在"链接到"栏中选择"本文档中的位置"选项，在"请选择文档中的位置"栏中选择"3.幻灯片3"选项，单击 确定 按钮。然后用同样的方法为"分析现有资源"和"01"两个文本框创建超链接，都链接到第3张幻灯片，如图11-22所示。

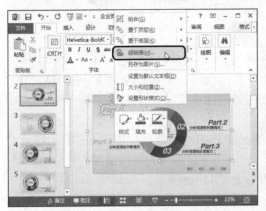

图11-21 选择"超链接"命令1　　　　图11-22 设置链接位置1

（3）在"Part 2"文本框中单击鼠标右键，在弹出的快捷菜单中选择"超链接"命令，如图11-23所示。

（4）打开"插入超链接"对话框，在"请选择文档中的位置"栏中选择"4.幻灯片4"选项，单击 确定 按钮。然后用同样的方法，为"分析资源的利用情况"和"02"两个文本框创建超链接，都链接到第4张幻灯片，如图11-24所示。

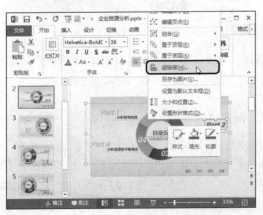
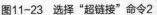
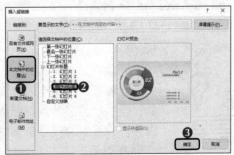

图11-23 选择"超链接"命令2　　　　图11-24 设置链接位置2

（5）在"Part 3"文本框中单击鼠标右键，在弹出的快捷菜单中选择"超链接"命令，如图11-25所示。

（6）打开"插入超链接"对话框，在"请选择文档中的位置"栏中选择"5.幻灯片5"选项，单击 ![确定] 按钮。然后用同样的方法，为"分析资源的应变能力"和"03"两个文本框创建超链接，都链接到第5张幻灯片，如图11-26所示。

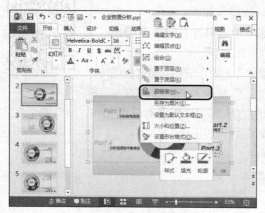

图11-25　选择"超链接"命令3

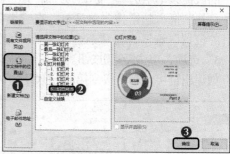

图11-26　设置链接位置3

（7）在"Part 4"文本框中单击鼠标右键，在弹出的快捷菜单中选择"超链接"命令，如图11-27所示。

（8）打开"插入超链接"对话框，在"请选择文档中的位置"栏中选择"6.幻灯片6"选项，单击 ![确定] 按钮。然后用同样的方法，为"分析资源的平衡情况"和"04"两个文本框创建超链接，都链接到第6张幻灯片，如图11-28所示。

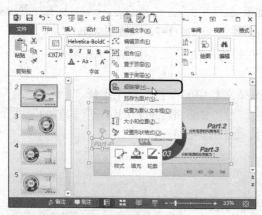

图11-27　选择"超链接"命令 4

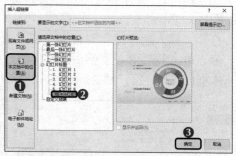

图11-28　设置链接位置4

设置屏幕提示

　　屏幕提示在使用图片作为超链接对象时使用得较多，设置屏幕提示后，当播放幻灯片时，鼠标光标移动到图片上将自动显示出屏幕提示的内容。设置屏幕提示的方法为：在"编辑超链接"对话框中单击右侧的"屏幕提示"按钮 ![屏幕提示P]，打开"设置超链接屏幕提示"对话框，在"屏幕提示文字"文本框中输入提示的文字内容，单击 ![确定] 按钮。

11.1.2 使用触发器

利用触发器制作的控制按钮，可以控制幻灯片中的多媒体对象的播放，控制插入的视频的播放操作。要通过触发器制作控制按钮，需先在幻灯片中插入音视频文件，并对其进行适当的设置，其具体操作如下。

（1）选择第1张幻灯片，在【插入】/【媒体】组中单击"音频"按钮 ◀)，在弹出的下拉列表中选择"PC上的音频"选项，如图11-29所示。

（2）打开"插入音频"对话框，在地址栏选择音频文件所在的文件夹，在下方列表框选择"音频.mp3"文件，单击 插入(S) ▼ 按钮，如图11-30所示。

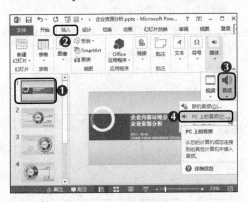

图11-29　选择选项

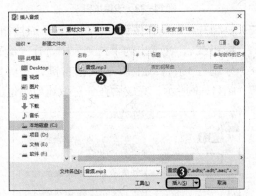

图11-30　插入音频文件

（3）在幻灯片中选择插入的音频，在【音频工具 播放】/【音频选项】组中单击选中"跨幻灯片播放""循环播放，直到停止"和"放映时隐藏"复选框，如图11-31所示。

（4）在【插入】/【插图】组中单击"形状"按钮 ▱ 形状▾，在弹出的下拉列表的"动作按钮"栏中选择"动作按钮：声音"选项，如图11-32所示。

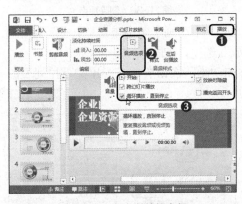

图11-31　插入并编辑音频

图11-32　插入按钮

（5）拖动鼠标在幻灯片右下角绘制形状，在打开的"操作设置"对话框中撤销选中"播放声音"复选框，单击 确定 按钮，如图11-33所示。

（6）在【绘图工具 格式】/【形状样式】组的"形状样式"列表框中选择"细微效果-蓝色，强调颜色1"选项，如图11-34所示。

图11-33　设置按钮

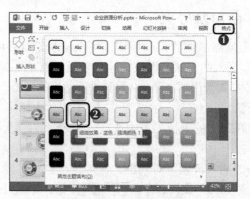

图11-34　添加按钮样式

（7）复制并粘贴动作按钮，并将其置于原按钮右侧。在"插入形状"组中单击"编辑形状"按钮，在弹出的下拉列表中选择"编辑顶点"选项，如图11-35所示。

（8）分别在3条直线上单击鼠标右键，在弹出的快捷菜单中选择"删除顶点"命令，如图11-36所示。完成后在任意位置单击退出编辑状态。

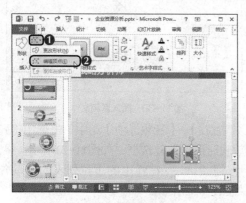

图11-35　选择编辑顶点

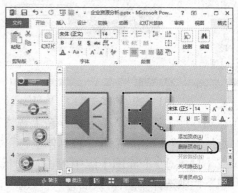

图11-36　删除顶点

（9）在幻灯片中选择插入的音频文件，在【动画】/【动画】组中单击"其他"按钮，在弹出的下拉列表的"媒体"栏中选择"播放"选项，如图11-37所示。

（10）在【动画】/【高级动画】组中单击"添加动画"按钮，在弹出的下拉列表的"媒体"栏中选择"暂停"选项，如图11-38所示。

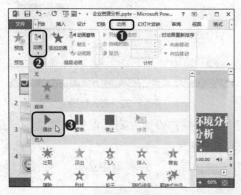

图11-37　插入播放动画

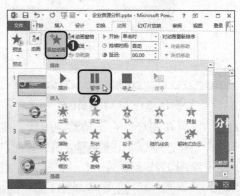

图11-38　添加暂停动画

（11）在【动画】/【高级动画】组中单击"动画窗格"按钮，如图11-39所示。

（12）打开"动画窗格"窗格，单击"播放动画"选项右侧的下拉按钮，在弹出的下拉列表中选择"计时"选项，如图11-40所示。

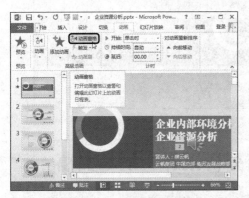

图11-39 单击"动画窗格"按钮

图11-40 选择"计时"选项

（13）打开"播放音频"对话框的"计时"选项卡，单击"触发器"按钮，单击选中"单击下列对象时启动效果"单选项，在右侧的下拉列表框中选择"动作按钮：声音12"选项，单击确定按钮，如图11-41所示。

（14）打开"动画窗格"窗格，单击"暂停动画"选项右侧的下拉按钮，在弹出的下拉列表中选择"计时"选项，如图11-42所示。

图11-41 设置"播放音频"对话框

图11-42 单击"计时"选项

（15）打开"暂停音频"对话框的"计时"选项卡，单击"触发器"按钮，单击选中"单击下列对象时启动效果"单选项，在右侧的下拉列表框中选择"动作按钮：声音14"选项，单击确定按钮，如图11-43所示。

（16）按【F5】键播放幻灯片，单击左侧按钮开始播放音频，单击右侧按钮暂停播放，如图11-44所示。

知识提示

为什么形状编号有差别

　　使用触发器时，PowerPoint会自动对其中的对象进行编号，所以这里有圆角矩形2和圆角矩形10的分别。设置触发器时，不要看编号，要看形状上的文本与需要设置的动作是否一致即可。

图11-43 设置"暂停音频"对话框

图11-44 播放演示文稿效果

11.2 课堂案例：放映"总结分析报告"演示文稿

老洪制作了一份总结分析报告，让米拉在公司会议中通过放映幻灯片向同事们进行总结，为此老洪教给了米拉一些放映文稿的方法与技巧。本例的参考效果如图11-45所示，下面具体讲解其制作方法。

素材所在位置 素材文件\第11章\总结分析报告.pptx
效果所在位置 效果文件\第11章\总结分析报告.pptx

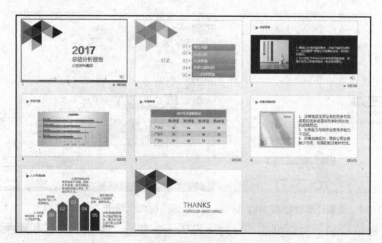

图11-45 "总结分析报告"演示文稿参考效果

11.2.1 隐藏幻灯片

在放映幻灯片时，系统将自动按设置的方式依次放映每张幻灯片。但在实际应用中，有时并不需要放映所有幻灯片，用户可将不放映的幻灯片隐藏起来，需要放映时再将其显示出来，具体操作如下。

（1）打开素材文件"总结分析报告.pptx"，在演示文稿中选择第2张幻灯片，在【幻灯片放映】/【设置】组中单击 隐藏幻灯片按钮。

（2）第2张幻灯片即被隐藏，隐藏后的幻灯片编号将显示为 ，如图11-46所示。

微课视频

隐藏幻灯片

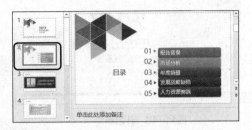

图11-46　隐藏幻灯片

11.2.2　录制旁白并标记内容

微课视频

录制旁白并标记内容

如果当前演示文稿由观众自行放映欣赏，而无需演讲者演说，此时可为演示文稿中的各幻灯片录制语音旁白。如果演讲者自己进行演说，则可以使用激光笔来圈点重点内容，其具体操作如下。

（1）在【幻灯片放映】/【设置】组中单击 📽 录制幻灯片演示按钮。
（2）打开"录制幻灯片演示"对话框，撤销选中"幻灯片和动画计时"复选框，然后单击 开始录制(R) 按钮，如图11-47所示。

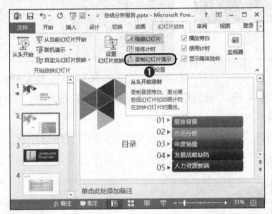

图11-47　设置录制幻灯片演示选项

多学一招

录制幻灯片演示下拉按钮

在"设置"组中单击 📽 录制幻灯片演示按钮，在弹出的下拉列表中可设置"从头开始录制"和"从当前幻灯片开始录制"，并且也可以选择"清除"选项，在弹出的子列表中选择选项，清除录制的旁白。

（3）单击鼠标放映幻灯片中的内容，并适时对准话筒朗读第1张幻灯片的标题和副标题，如图11-48所示。
（4）当单击鼠标放映到标题为"报告背景"的幻灯片时，在其上单击鼠标右键，在弹出的快捷菜单中选择【指针选项】/【笔】命令，如图11-49所示。

图11-48　开始录制　　　　　　　　　　　图11-49　选择画笔

（5）此时录制将暂停，移动鼠标光标到文本处并拖曳鼠标，在该文本下方绘制一条线作为重点内容标注，如图11-50所示。

（6）单击"录制"工具栏中的 按钮录制下一张幻灯片的旁白，如图11-51所示。

图11-50　圈点幻灯片　　　　　　　　　　图11-51　继续录制

（7）完成后单击"关闭"按钮 关闭"录制"对话框，在打开的提示对话框中单击 保留(K) 按钮，保留墨迹注释，如图11-52所示。

（8）放映完后切换到"幻灯片浏览"视图，会发现每张幻灯片右下角会出现一个声音图标，放映幻灯片时，通过音箱或耳机就可以听到录制的旁白了，如图11-53所示。

图11-52　保留墨迹注释　　　　　　　　　图11-53　完成录制

11.2.3　排练计时

使用排练计时可以为每一张幻灯片中的对象设置具体放映时间，开始放映演示文稿时，就可按设置好的时间和顺序进行放映，而无需用户单击鼠标，从而实现演示文稿的自动放映，其具体操作如下。

（1）在【幻灯片放映】/【设置】组中单击按钮。

（2）进入放映排练状态，幻灯片将全屏放映，同时打开"录制"
工具栏并自动为该幻灯片计时，此时可单击鼠标左键或按
【Enter】键放映下一张幻灯片，如图11-54所示。

微课视频
排练计时

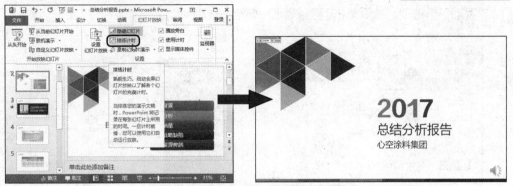

图11-54　开始排练

多学一招

设置播放排练计时

　　设置排练计时后，若在"设置"组中单击"设置幻灯片放映"按钮，在打开的"设置放映方式"对话框的"换片方式"栏中单击选中"如果存在排练时间，则使用它"单选项，放映演示文稿时将按照排练时间自动放映。

（3）按照同样的方法对演示文稿中的每张幻灯片放映时间进行计时，放映完毕后将打开提示
对话框，提示总共的排练计时时间，并询问是否保留幻灯片的排练时间，单击 是(Y) 按
钮进行保存，如图11-55所示。

（4）PowerPoint自动切换到"幻灯片浏览"视图中，并在每张幻灯片的右下角显示放映该张
幻灯片所需的时间，如图11-56所示。

图11-55　确认保留排练时间　　　　图11-56　完成排练计时

11.2.4　设置幻灯片放映方式

　　幻灯片放映方式包括演讲者放映（全屏幕）、观众自行浏览（窗口）、在展台浏览（全

屏幕）这3种方式，它们适合在不同的场合下使用，其具体操作如下。

（1）在【幻灯片放映】/【设置】组中单击"设置幻灯片放映"按钮。

（2）打开"设置放映方式"对话框，在"放映类型"栏中单击选中"演讲者放映（全屏幕）"单选项，在"放映选项"栏中单击选中"放映时不加旁白"复选框，在"换片方式"栏中单击选中"手动"单选项，然后单击 **确定** 按钮，如图11-57所示。

微课视频

设置幻灯片放映方式

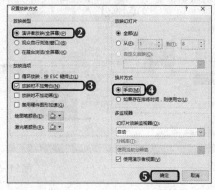

图11-57　设置幻灯片放映方式

（3）完成放映方式的设置后，按【F5】键播放幻灯片，观看设置放映方式后的效果，如图11-58所示。

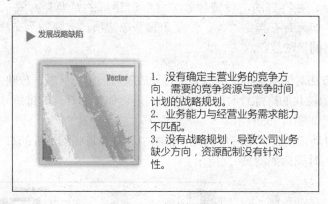

图11-58　查看放映效果

11.3　课堂案例：输出"旅游策划"演示文稿

　　米拉将制作的演示文稿直接复制到会议室的计算机上进行放映，老洪告诉她如果需要在其他计算机上进行放映，可以将制作的演示文稿打包，也可以将演示文稿发布到网站上供多人浏览。本例的参考效果如图11-59所示，下面具体讲解其制作方法。

素材所在位置　素材文件\第11章\旅游策划.pptx
效果所在位置　效果文件\第11章\旅游策划.pptx

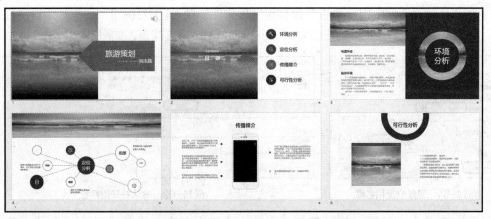

图 11-59 "旅游策划"演示文稿参考效果

11.3.1　打包幻灯片

演示文稿制作好以后，如果需要在其他计算机上进行放映，可以将制作的演示文稿打包，这样可以内嵌字体等，就不会发生在其他计算机上缺少字体而跳版等现象，其具体操作如下。

微课视频

打包幻灯片

（1）打开素材文件"旅游策划.pptx"，在演示文稿中选择【文件】/【导出】/【将演示文稿打包成CD】菜单命令，然后单击"打包成CD"按钮⊙。

（2）打开"打包成CD"对话框，单击 选项(O)... 按钮，在打开对话框的"打开每个演示文稿时所用密码"文本框中输入密码"123456"，单击 确定 按钮，在打开的"确认密码"对话框中再次输入密码后单击 确定 按钮，如图11-60所示。

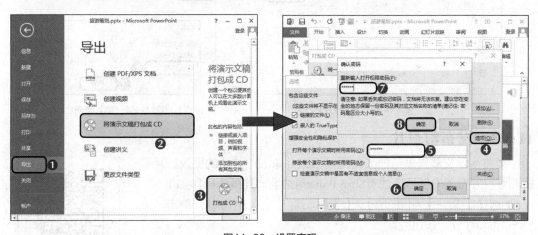

图11-60　设置密码

（3）返回"打包成CD"对话框，单击 复制到文件夹(B)... 按钮，在打开的"复制到文件夹"对话框的"文件夹名称"文本框中输入文本"旅游策划"，并设置保存位置，单击 确定 按钮，如图11-61所示。

（4）在打开的对话框中提示是否一起打包链接文件，单击 按钮，系统开始自动打包演示文稿，完成后返回"打包成CD"对话框，单击 按钮，如图11-62所示。

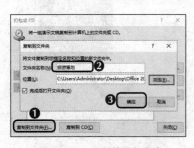

图11-61　设置位置和名称

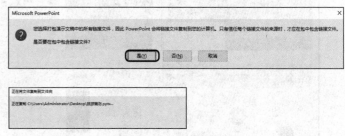

图11-62　确认并开始打包

（5）打包后将自动打开"旅游策划"文件夹，双击名为"旅游策划.pptx"的文件，如图11-63所示。

（6）打开"密码"对话框，在文本框中输入密码，单击 按钮即可编辑或放映演示文稿，如图11-64所示。

图11-63　查看打包文件

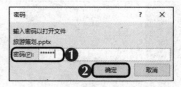

图11-64　输入密码

11.3.2　发布幻灯片

要将演示文稿提供给他人使用或跟踪并审阅幻灯片的更改，可以将幻灯片发布到幻灯片库或者SharePoint网站上，其具体操作如下。

（1）选择【文件】/【共享】/【发布幻灯片】菜单命令，单击"发布幻灯片"按钮 。

（2）在打开的"发布幻灯片"对话框中间的列表框中选择需要发布的幻灯片，也可以单击 按钮选择全部的幻灯片，在"发布到"下拉列表框中输入需要发布的网站地址，这里发布到相应的效果文件中，完成后单击 按钮，如图11-65所示。

微课视频

发布幻灯片

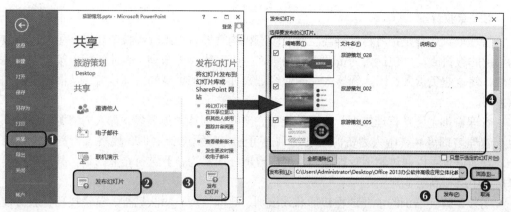

图11-65　选择需发布的幻灯片和地址

知识提示

创建视频

　　在展会中，一些演示文稿可能需要进行循环演示，这样叫以将演示文稿制作成视频文件，通过显示屏进行播放。选择【文件】/【导出】/【创建视频】菜单命令，可以将演示文稿制作成视频。它适用于在没有安装 PowerPoint 的计算机上放映。

11.4　项目实训

11.4.1　创建"管理培训"演示文稿

1. 实训目标

　　本实训的目标是为公司"管理培训"演示文稿添加超链接、触发器，以及动作按钮，实现交互放映的功能。本实训完成后的参考效果如图11-66所示。

微课视频

创建"管理培训"演示
文稿

素材所在位置　素材效果\第11章\项目实训\管理培训.pptx
效果所在位置　效果文件\第11章\项目实训\管理培训.pptx

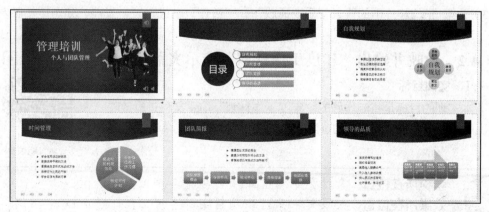

图11-66　"管理培训"演示文稿效果

2. 专业背景

管理培训主要是指各种以提高企业及政府机构管理者组织管理技能和提高生产运作效率为目的的教育活动，包括人力资源管理培训、生产采购管理培训、企业经营决策培训等各个模块，使企业负责人、团队领导人、职业经理人拥有更加优良的管理技能，从而促进公司高效发展。

管理培训主要是管理知识、管理技能和态度的培训其种类很多，如人力资源管理培训、生产管理培训等。其中人力资源管理培训还可分为薪酬设计培训、战略人力资源规划培训等。管理培训可以通过聘请管理顾问、管理咨询公司来为企业进行企业内训，其对象主要是基层、中层和高层主管。

另外，管理培训的主要课程包括高效培训、时间管理、团队精神、营销技巧、服务技巧和沟通技巧等。在制作这类演示文稿时，应多注意这些内容的总结。

3. 操作思路

完成本实训需要在创建的演示文稿中插入与编辑动作按钮，并为对象设置超链接，以及使用触发器控制目录及音乐播放，其操作思路如图11-67所示。

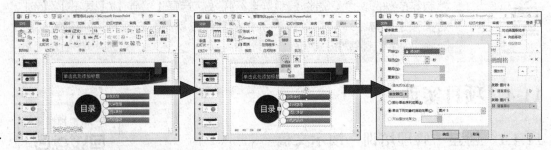

①插入并编辑动作按钮　　　　②设置超链接　　　　③设置触发器

图11-67　"管理培训"演示文稿的制作思路

【步骤提示】

（1）打开素材文件"管理培训.pptx"，在第2张幻灯片左下角插入动作按钮"前进""后退""开始"和"结束"，分别链接到前1张、后1张、第1张和最后1张，设置"柔化边缘"为"10磅"，设置形状格式的"透明度"为"80%"，并复制粘贴除第1张幻灯片外的其余幻灯片。

（2）为目录中的项目形状设置超链接，分别链接相应的幻灯片。

（3）为第1张幻灯片中的背景音乐"播放"和"暂停"动画设置触发器，分别链接触发对象的"图片8"和"图片5"。

11.4.2　放映并输出"年度工作计划"演示文稿

1. 实训目标

本实训的目标是将制作好的"年度工作计划"演示文稿进行放映输出的操作。本实训完成后的参考效果如图11-68所示。

微课视频

放映并输出"年度工作计划"演示文稿

素材所在位置　素材文件\第11章\项目实训\年度工作计划.pptx
效果所在位置　效果文件\第11章\项目实训\年度工作计划.pptx

图11-68 "年度工作计划"演示文稿效果

2. 专业背景

年度计划可谓是包罗万象，对于不同的人、不同的部门、不同的职别，其着眼点和出发点会不尽相同，那么所做的工作计划从内容到形式都有可能存在着很大的差别。另外，年度计划类演示文稿通常在年初或年尾工作总结会议中使用，在放映时也有许多讲究。因此，在制作时就需要多考虑放映方式，通常会在制作完成后先检查相关内容的正确性，其次是查看链接内容，排练计时计算会议时间，导出幻灯片以防计算机未安装软件等事宜。

3. 操作思路

完成本实训首先需要对幻灯片进行各种放映及设置，然后对幻灯片进行保存、打包及发布的操作，其操作思路如图11-69所示。

①隐藏幻灯片　　　　　②放映与排练计时　　　　　③设置放映方式

图11-69 "年度工作计划"演示文稿的制作思路

【步骤提示】

（1）打开"年度工作计划.pptx"演示文稿，选择第13张到第15张幻灯片，隐藏幻灯片。

（2）录制幻灯片，使用笔和荧光笔对演示内容进行备注。

（3）为演示文稿进行一次排练计时的操作。

（4）设置放映方式为"演讲者放映（全屏幕）""循环放映，按ESC键终止"，设置幻灯片放映的范围从"5"到"15"，设置幻灯片放映时的切换方式为"如果存在排练时间，则使用它"。

（5）放映幻灯片，查看其效果，确定无误后将演示文稿幻灯片发布到"模板1"文件夹中，并将文件打包成CD。

11.5　课后练习

本章主要介绍了在幻灯片中应用超链接、动作按钮和触发器实现与幻灯片的交互，以及幻灯片的设置、放映、输出等内容的操作方法，读者应重点学习关于演示文稿的基本操作。

微课视频

制作"营销推广"演示
文稿

练习1：制作"营销推广"演示文稿

本练习要求在"营销推广.pptx"演示文稿中添加超链接、动作和动作按钮，实现交互放映。参考效果如图11-70所示。

素材所在位置　素材文件\第11章\课后练习\营销推广.pptx
效果所在位置　效果文件\第11章\课后练习\营销推广.pptx

要求操作如下。

- 打开"营销推广.pptx"演示文稿，为第4张幻灯片中的目录文本内容设置超链接，分别链接到第5张、第9张、第20张和第25张幻灯片。
- 为第10张幻灯片中的黄色文本内容设置动作，分别链接到第12张、第14张和第23张幻灯片。
- 在第2张幻灯片中插入动作按钮"前进""后退""开始"和"结束"，设置其样式为"强烈效果，橙色，强调颜色6"，形状效果设置为"半映像，接触"。
- 完成后保存并关闭演示文稿。

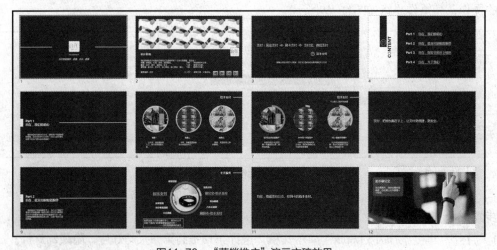

图11-70　"营销推广"演示文稿效果

练习2：放映并输出"工作报告"演示文稿

本练习要求为"工作报告.pptx"演示文稿进行放映的各种设置，并将文稿打包与发布。参考效果如图11-71所示。

素材所在位置　素材文件\第11章\课后练习\工作报告.pptx
效果所在位置　效果文件\第11章\课后练习\工作报告.pptx

要求操作如下。

● 打开"工作报告.pptx"演示文稿。将其中相应的空白幻灯片
进行隐藏。

● 为幻灯片录制旁白,并在录制过程中使用指针、激光笔等工
具对幻灯片中的重点进行标注。

● 设置幻灯片放映方式,对幻灯片进行排练计时。

● 放映幻灯片,查看其效果,确定无误后将演示文稿的第1张、第2张幻灯片发布到
"模板"文件夹中。

● 将文件打包成CD。

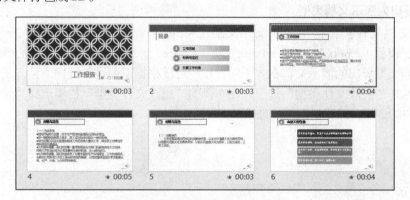

图11-71 "工作报告"演示文稿效果

11.6 技巧提升

1. 快速定位幻灯片

在幻灯片演示过程中,通过一定的技巧可以快速、准确地将播放画面切换到指定的幻灯
片,达到精确定位幻灯片的效果。方法为:在播放幻灯片的过程中,单击鼠标右键,在弹出
的快捷菜单中选择"定位至幻灯片"命令,在其子菜单中选择需要切换到的幻灯片。另外,
在"定位至幻灯片"命令的子菜单中,前面有带勾标记的,则表示现在正在演示该张幻灯片
的内容。

2. 打印幻灯片

演示文稿不仅可以进行现场演示,还可以将其打印在纸张上,或手执演讲或分发给观众
作为演讲提示等,打印幻灯片的操作与在Word或Excel中的打印基本一致。

(1)单击"文件"按钮,在打开的列表中选择"打印"选项,在中间列表的"打印"栏的
"份数"数值框中输入"2",在"打印机"栏中单击"打印机属性"超链接。

(2)打开打印机的属性对话框,单击"纸张/质量"选项卡,在"纸张选项"栏的"纸张尺
寸"下拉列表框中选择"A4"选项并单击"确定"按钮。

(3)在中间列表的"设置"栏中单击"整列幻灯片"按钮,在打开列表框的"讲义"栏中选
择"2张幻灯片"选项。

(4)在右侧的预览栏中可以看到设置打印的效果,在中间的列表中单击"打印"按钮,即可
打印该演示文稿。

3．打印不同视图下的演示文稿

打印讲义就是将一张或多张幻灯片打印在一张或几张纸上，可供演讲者或观众参考。打印讲义的方法与打印幻灯片类似，不过打印讲义更为简单，只需在PowerPoint的【视图】选项卡的功能区中进行设置，然后设置打印参数后即可进行打印。

如果幻灯片中存在大量的备注信息，而又不想让观众在屏幕上看到这些备注信息，此时可将幻灯片及其备注内容打印出来，只供演讲者查阅。打印备注幻灯片的方法与打印讲义幻灯片相似。

打印大纲就是只将大纲视图中的文本内容打印出来，而不把幻灯片中的图片、表格等内容打印出来，以方便查看幻灯片的主要内容。

4．导出为演示文稿类型

演示文稿文件类型包括放映演示文稿（*.pptx）、PowerPoint 97-2003演示文稿（*.ppt）、模板（*.potx）、PowerPoint放映（*.ppsx）、PowerPoint图片演示文稿（*.pptx）等，不同的类型导出的演示文稿格式不同，用户可以根据需要进行选择。其方法为：在"导出"页面选择"更改文件类型"选项，在右侧的"更改文件类型"栏中选择"演示文稿文件类型"栏中的选项，然后根据提示进行操作即可。

CHAPTER 12

第12章

综合案例——制作年终会议报告材料

情景导入

公司需要做年终会议报告，其中涉及了各类文档、电子表格以及幻灯片。米拉在学习了Office 2013三大组件的基础与操作后，向老洪争取了制作此次年终总结报告的工作。

学习目标

● 掌握Word 2013的相关使用方法。

● 掌握Excel 2013的相关使用方法。

● 掌握PowerPoint 2013的相关使用方法。

案例展示

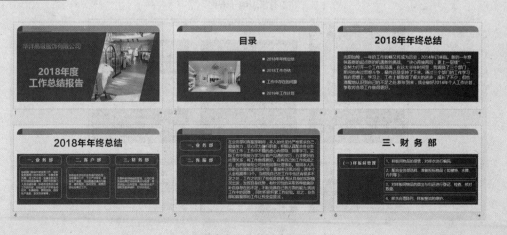

▲ "年终会议报告"

12.1 实训目标

本实训要求制作年终总结报告文件，制作过程中需要使用Office办公软件中的Word、Excel和PowerPoint 3个组件中的多项知识。读者不仅需要掌握Word文档的编排、Excel表格的编辑，还要掌握PowerPoint演示文稿的制作和设计。本实训的完成效果如图12-1所示，下面讲解具体制作方法。

素材所在位置 素材文件\第12章\年终报告
效果所在位置 效果文件\第12章\年终报告

①客户部年终报告文档

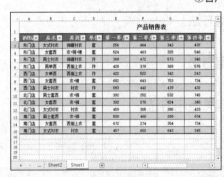
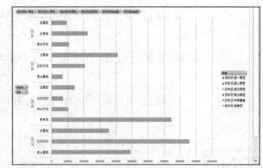

②销售表电子表格

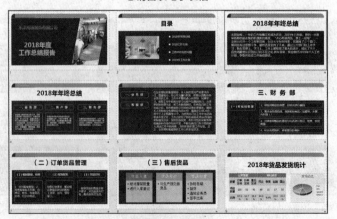

③年终报告演示文稿

图12-1 "年终报告"效果

12.2　专业背景

年终总结报告是人们对一年来的工作学习进行回顾和分析，从中找出经验和教训，引出规律性认识，以指导今后工作和实践活动的一种应用文体。年终总结报告的内容包括一年来的情况概述、成绩和经验教训、今后努力的方向，它是对一年内的所有工作加以总结、分析和研究，肯定成绩并找出问题，得出经验教训，以此用于指导下一阶段工作。

年终总结报告的作用主要有以下4点。

- 它是推动工作前进的重要依据。
- 它是寻找工作规律的重要手段。
- 它是培养、提高工作能力的重要途径。
- 它是团结群众争取领导支持的好渠道。

年终报告材料涉及使用Office组件间的链接、插入等功能，使用这种方法可以方便用户在各个组件间相互调用资源。下面介绍在Office各个组件之间调用资源的方法。

- **复制和粘贴**：在Word、Excel、PowerPoint中，制作好的文档、表格、幻灯片可以通过复制、粘贴操作相互调用。复制与粘贴对象的方法很简单，只需要选择相应的对象并进行复制，再切换到另一个Office组件中粘贴即可。
- **插入对象**：复制与粘贴操作实际上是将Word、Excel、PowerPoint 3个组件中的局部或需要的元素嵌入到另一个组件中使用，也可以直接将整个文件作为对象插入到其他组件中使用。
- **超链接**：在放映幻灯片时，如果要展示相关的Word或Excel文件中的数据，也可以创建相应的超链接，便于在放映时打开。在创建一些教学课件、报告、论文等演示文稿时可以使用该功能来链接数据。

12.3　制作思路分析

制作本例前，应先收集相关资料，做好前期准备。可以先使用Word和Excel制作出演示文稿中需要的文档和电子表格，然后再利用整合的信息和收集的图片制作幻灯片。本实训的操作思路如图12-2所示。

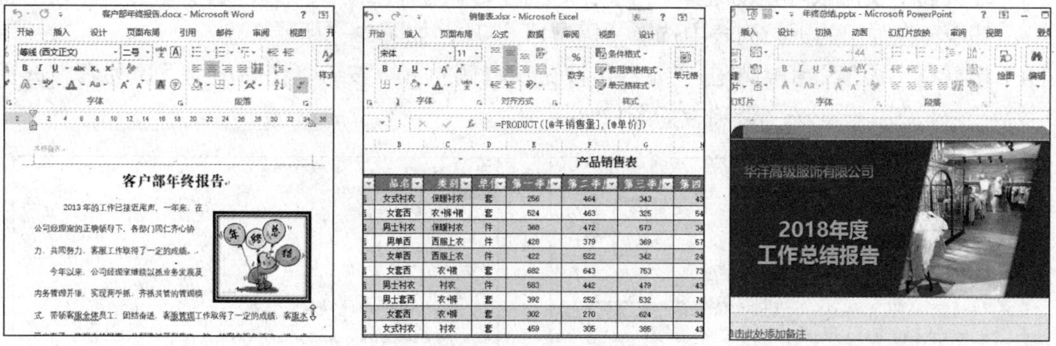

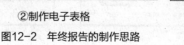

①制作文档　　②制作电子表格　　③制作演示文稿

图12-2　年终报告的制作思路

12.4 操作过程

拟定好制作思路后即可按照思路逐步进行操作，下面开始制作所需的文档、电子表格、演示文稿。

12.4.1 使用Word制作年终报告文档

在Word中制作文档不仅层次结构清晰，而且也能快速对文本进行编辑和设置。下面将在Word程序中制作"业务部年终报告""客户部年终报告""财务部年终报告"文档，其具体操作如下。

微课视频

使用 Word 制作
年终报告文档

（1）打开素材文档"客户部年终报告.docx"，在文档中选择第1行文本"客户部年终报告"，将其字符格式设置为"方正大标宋简体、二号"，并设置文本居中显示，如图12-3所示。

（2）选择标题下面的正文文本，在【开始】/【段落】组中单击"对话框启动器"按钮 ，打开"段落"对话框，在"对齐方式"下拉列表框中选择"左对齐"选项，在"特殊格式"下拉列表框中选择"首行缩进"选项，在"行距"下拉列表框中选择"多倍行距"选项，在"设置值"数值框中输入"2"，完成后单击 确定 按钮，如图12-4所示。

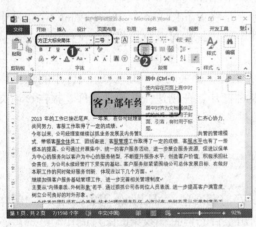

图12-3 设置标题样式

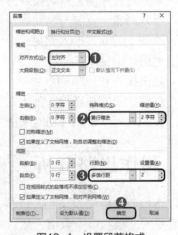

图12-4 设置段落格式

（3）在页面中使用鼠标拖动选择4个总结文档的文本内容，在"样式"组中单击"样式"按钮 ，在弹出的下拉列表中选择"标题1"选项，如图12-5所示。

（4）接着在"段落"组中单击"编号"按钮 右侧的下拉按钮，在弹出的下拉列表中选择"一、二、三……"选项，如图12-6所示。

图12-5 选择"标题1"样式

图12-6 设置编号

（5）在【插入】/【页面】组中单击"封面"按钮，在弹出的下拉列表框"内置"栏中选择"怀旧"选项。

（6）编辑封面中的内容，得到的效果如图12-7所示。

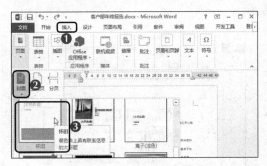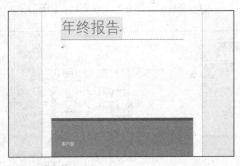

图12-7　插入并编辑封面

（7）在"页眉和页脚"组中单击"页眉"按钮，在弹出的下拉列表框"内置"栏中选择"奥斯汀"选项，如图12-8所示。

（8）在【页眉和页脚工具 设计】/【页眉和页脚】组中单击 页脚 按钮，在弹出的下拉列表框"内置"栏中选择"奥斯汀"选项，如图12-9所示。

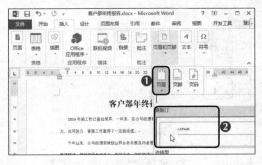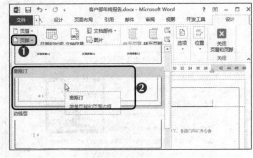

图12-8　插入页眉　　　　　　　　　　　图12-9　插入页脚

（9）在"关闭"组中单击"关闭页眉和页脚"按钮，退出页眉页脚编辑状态。

（10）在【插入】/【插图】组中单击"图片"按钮，打开"插入图片"对话框，在地址栏中选择图片素材的位置，然后在下方的窗口中选择"图片1.jpg"选项，单击 插入(S) 按钮，如图12-10所示。

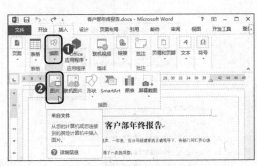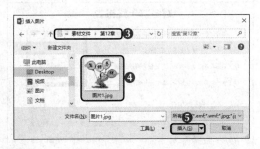

图12-10　插入图片

（11）拖动图片对角上的控制点，等比例缩小图片大小，接着在【图片工具 格式】/【排列】组中单击"位置"按钮，在弹出的下拉列表"文字环绕"栏中选择"顶端居右，四周型文字环绕"选项，如图12-11所示。

（12）在"图片样式"组中单击"快速样式"按钮，在弹出的下拉列表中选择"复杂框架，黑色"选项，如图12-12所示。

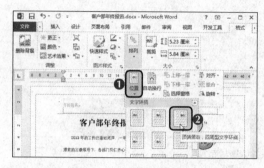

图12-11　设置文字环绕　　　　　　图12-12　设置图片样式

（13）按【Shift】键向下移动图片，调整其位置，得到的效果如图12-13所示。

（14）在【设计】/【文档格式】组中单击"样式集"按钮，在弹出的下拉列表框"内置"栏中选择"Word 2003"选项，如图12-14所示。

图12-13　调整图片后的效果　　　　　图12-14　设置文档样式

（15）用相同的方法制作"财务部年终报告"文档和"业务部年终报告"文档，并设置相同的字体和段落格式，如图12-15所示。

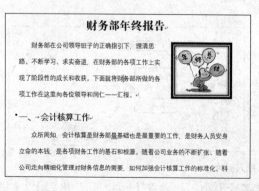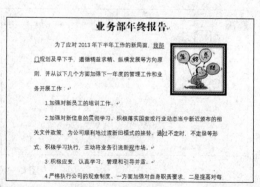

图12-15　制作其他文档

12.4.2 使用Excel制作相关报告表格

在 Excel中制作电子表格不仅可以方便地输入数据，而且可以对数据快速地进行计算，以及对表格单元格设置边框和底纹等效果，这是其他软件不能比拟的。下面介绍在Excel中制作"库存明细表"和"销售表"两个电子表格，其具体操作如下。

微课视频

使用 Excel 制作相关
报告表格

（1）启动Excel 2013程序，新建一个工作簿，将其保存为"库存明细表.xlsx"，在A1:F14单元格区域中输入表格的表头文本和相关数据，如图12-16所示。

（2）分别选择A1:F1、A3:A6、A7:A12、A13:A14、B5:B6、B8:B10、B11:B12、B13:B14、F3:F6、F7:F12、F13:F14单元格区域，在【开始】/【对齐方式】组中单击⊞合并后居中按钮，如图12-17所示。

图12-16 输入表格数据后的效果　　　　图12-17 合并单元格后的效果

（3）选择A1:F14单元格区域，接着在"对齐方式"组中单击两次"居中"按钮 ，将所有文本居中，如图12-18所示。

（4）选择A列，在其上单击鼠标右键，在弹出的快捷菜单中选择"列宽"命令，打开"列宽"对话框，在"列宽"文本框中输入"16"，单击 确定 按钮，如图12-19所示。

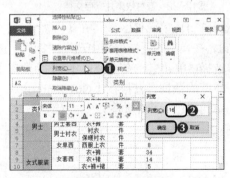

图12-18 设置文本居中　　　　　　　图12-19 设置列宽

（5）将A1单元格中的字体格式设置为"方正中雅宋简，16"，将A2:F2单元格区域中的字体格式设置为"华文仿宋，14，加粗"，并使用步骤（4）的方法设置单元格的列宽和行高，以此适应数据的显示，如图12-20所示。

（6）选择A2:F14单元格区域，在【开始】/【对齐方式】组中单击"对话框启动器"按钮 ，在打开的"设置单元格格式"对话框中单击"边框"选项卡，在其中的"样式"列表框中选择"粗线条"选项，单击"外边框"按钮 ，在"样式"列表框中选择"细线条"选项，单击"内部"按钮 ，单击 确定 按钮，如图12-21所示。

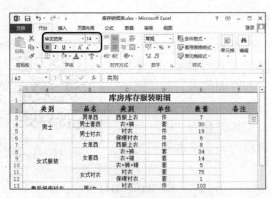

图12-20　设置字符格式和间距

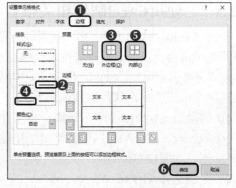

图12-21　添加边框样式

（7）返回工作表查看效果，并在快速访问工具栏单击"保存"按钮🔲，如图12-22所示。

（8）打开"销售表.xlsx"工作簿，选择A2:K15单元格区域，在【开始】/【样式】组中单击 🗂套用表格格式▾按钮，在弹出的下拉列表框"中等深浅"栏中选择"表样式中等深浅 2"选项，打开"套用表格式"对话框，保持默认设置不变，单击 确定 按钮，如图12-23所示。

图12-22　查看效果并保存文档

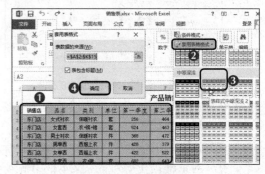

图12-23　套用表格格式

（9）选择J3:J15单元格区域，在【开始】/【数字】组中单击"常规"文本框右侧的下拉按钮，在弹出的下拉列表中选择"货币"选项，如图12-24所示。完成后调整列宽。

（10）选择I3单元格，在【公式】/【函数库】组中单击∑自动求和按钮，系统将自动求和4个季度的数据，直接按【Ctrl+Enter】组合键求出所有销售店的年度销量，继续将I4:I15单元格进行填充如图12-25所示。

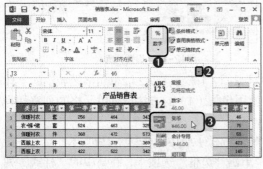

图12-24　设置货币格式

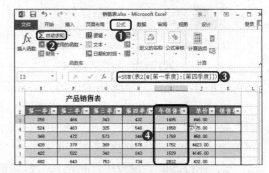

图12-25　自动求和年销售量

（11）选择K3单元格，在"函数库"组中单击"插入函数"按钮*fx*，在打开的"插入函数"对话框的"或选择类别"下拉列表框中选择"数学与三角函数"，在其对应的"选择函数"列表框中选择"PRODUCT"选项，单击 确定 按钮，如图12-26所示。

（12）打开"函数参数"对话框，单击"Number 1"文本框右侧的"收缩"按钮■，接着选择I3单元格，单击"展开"按钮■；使用相同方法为"Number 2"文本框选择J3单元格，然后单击 确定 按钮，如图12-27所示。

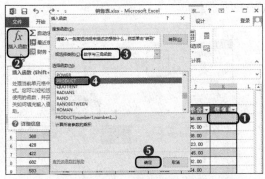

图12-26　插入函数

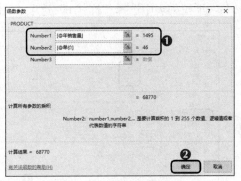

图12-27　编辑函数区域

（13）在【插入】/【表格】组中单击"数据透视表"按钮■，打开"创建数据透视表"对话框，保持默认设置不变，单击 确定 按钮，如图12-28所示。

（14）新建工作表，在打开的"数据透视表字段"窗格中单击选中"销售店""品名""第一季度""第二季度""第三季度""第四季度""年销售量""销售额"复选框，完成字段的添加，如图12-29所示。

图12-28　添加数据透视表

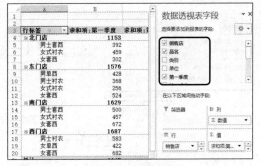

图12-29　添加字段

（15）单击"关闭"按钮✖关闭窗格，在【数据透视表工具 设计】/【数据透视表样式】组中单击"其他"按钮▤，在弹出的下拉列表框的"中等深浅"栏中选择"数据透视表样式中等深浅 9"选项，如图12-30所示。

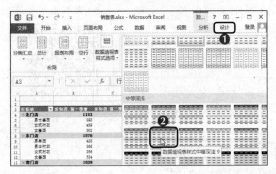

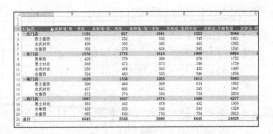

图12-30　设置数据透视表样式

（16）在【数据透视表工具 分析】/【工具】组中单击"数据透视图"按钮📊，打开"插入图表"对话框，在左侧单击"条形图"选项卡，在相应的右侧窗口中选择"堆积条形图"选项，单击 **确定** 按钮，如图12-31所示。

（17）在【数据透视图工具 设计】/【图表样式】组中单击"快速样式"按钮📊，在弹出的下拉列表中选择"样式6"选项，如图12-32所示。

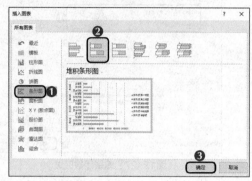

图12-31 插入图表

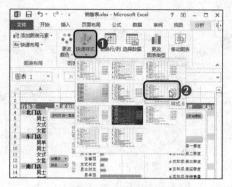

图12-32 应用样式

（18）在"位置"组中单击"移动图表"按钮📊，在打开的"移动图表"对话框中单击选中"新工作表"单选项，在文本框中输入名称"数据透视图"，如图12-33所示。

（19）此时系统将新建一个名为"数据透视图"的工作表，其中包含的是之前创建的数据透视图，效果如图12-34所示。

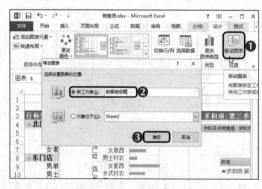

图12-33 移动图表

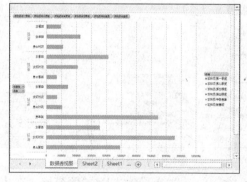

图12-34 数据透视图效果

12.4.3 使用PowerPoint创建年终报告演示文稿

文档和电子表格制作完成后，就可以开始制作重要的演示文稿了。在演示文稿中创建多张幻灯片，并设置切换动画和对象动画，最后将创建的文档链接到幻灯片中，将制作的电子表格嵌入到幻灯片中，其具体操作如下。

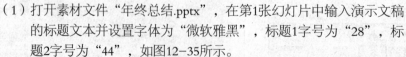

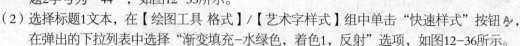

微课视频

使用 PowerPoint 创建年终报告演示文稿

（1）打开素材文件"年终总结.pptx"，在第1张幻灯片中输入演示文稿的标题文本并设置字体为"微软雅黑"，标题1字号为"28"，标题2字号为"44"，如图12-35所示。

（2）选择标题1文本，在【绘图工具 格式】/【艺术字样式】组中单击"快速样式"按钮，在弹出的下拉列表中选择"渐变填充-水绿色，着色1，反射"选项，如图12-36所示。

图12-35 输入标题文本并设置文本格式

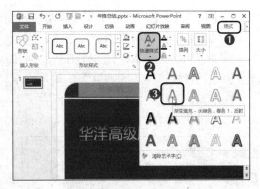

图12-36 设置艺术字样式

（3）在【插入】/【图像】组中单击"图片"按钮，在打开的"插入图片"对话框中选择图片存储位置，接着选择"服饰1.jpg"，单击 插入(S) 按钮，如图12-37所示。

（4）在【图片工具 格式】/【大小】组中单击"裁剪"按钮下方的下拉按钮，在弹出的下拉列表中选择"裁剪为形状"选项，在弹出的子列表"基本形状"栏中选择"平行四边形"选项，如图12-38所示。

图12-37 插入图片

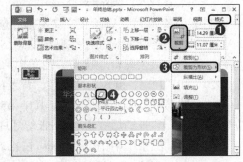

图12-38 裁剪形状

（5）在"图片样式"组中单击"图片效果"按钮，在弹出的下拉列表中选择"阴影"选项，在弹出的子列表"内部"栏中选择"内部居中"选项，如图12-39所示。

（6）调整图片大小和位置，在"调整"组中单击 更正 按钮，在弹出的下拉列表"锐化/柔化"栏中选择"锐化25%"选项，接着在"亮度/对比度"栏中选择"亮度：+20% 对比度：−40%"选项，如图12-40所示。

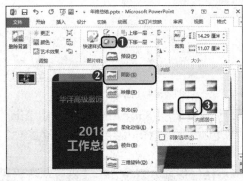

图12-39 设置图片样式

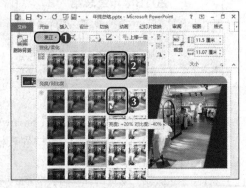

图12-40 调整图片色彩

229

（7）在【插入】/【幻灯片】组中单击"新建幻灯片"按钮 下方的下拉按钮，在弹出的下拉列表中选择"两栏内容"选项，插入幻灯片并在其中将标题设置为"目录"，并输入目录中的相关文本，并在幻灯片左侧插入并编辑图片"服饰.jpg"，如图12-41所示。

（8）创建幻灯片"标题和内容"，输入标题文本"2018年年终总结"，设置字符格式为"微软雅黑，加粗"，在下方输入内容文本，设置字符格式为"微软雅黑，20"，字体颜色为"白色，背景1"，如图12-42所示。

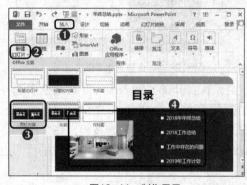

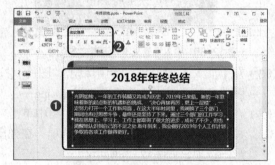

图12-41　制作目录　　　　　　　　　　　图12-42　设置"标题和内容"

（9）复制第3张幻灯片，删除正文文本框并创建新的文本框，在文本框中分别输入业务部、客户部、财务部的相关年终总结的总结文本，设置文本框边框的形状轮廓样式为"橙色，着色6"，编辑形状为"圆角矩形"，文本的字体为"微软雅黑"，字号分别为"20"和"12"，颜色为"白色，背景1"，加粗相应文本，如图12-43所示。用同样的方法创建第5张～第7张幻灯片，其中第5张幻灯片样式为"空白"。

（10）通过复制第7张幻灯片新建第8张幻灯片，输入标题文本，删除下面的文本框并在【插入】/【插图】组中单击 SmartArt按钮，在打开的"选择SmartArt图形"对话框左侧单击"列表"选项卡，在中间的列表框中选择"水平项目符号列表"选项，单击 确定 按钮，插入图形，如图12-44所示。

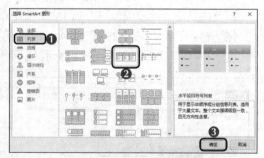

图12-43　绘制文本框并输入文字　　　　　　图12-44　插入SmartArt图形

（11）在插入的图形中输入文字，在【SmartArt工具 设计】/【SmartArt样式】组中单击"更改颜色"按钮，在弹出的下拉列表框"彩色"栏中选择"彩色范围-着色2至3"选项，如图12-45所示。

（12）新建"仅标题"幻灯片，输入标题文本"2018年货品发货统计"，设置字符格式为"微软雅黑，44，加粗"，在【插入】/【表格】组中单击"表格"按钮，在弹出的下拉列表中拖动选择"8×4表格"选项，如图12-46所示。

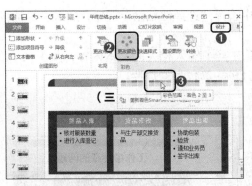

图12-45　编辑SmartArt图形

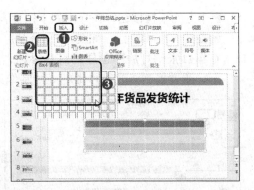

图12-46　插入表格

（13）在【表格工具 布局】/【合并】组中单击"合并单元格"按钮▦，合并单元格第1行前4个和后4个单元格，输入文本并调整表格大小，如图12-47所示。

（14）在【插入】/【插图】组中单击 📊图表按钮，在打开的"插入图表"对话框左侧单击"饼图"选项卡，在右侧相应窗口中选择"三维饼图"选项，单击 确定 按钮，并在打开的Excel表格中输入数据，如图12-48所示。

图12-47　编辑单元格

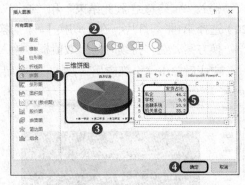

图12-48　插入图表并编辑数据

（15）调整图表大小和位置，在【图表工具 设计】/【图表样式】组中单击"快速样式"按钮♨，在弹出的下拉列表中选择"样式6"选项，如图12-49所示。

（16）打开效果文件"库存明细表.xlsx"，选择A1:F14单元格区域，在【开始】/【剪贴板】组中单击"复制"按钮🖺，创建幻灯片10，版式为"空白2"，如图12-50所示。

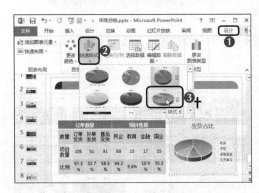

图12-49　设置图表样式

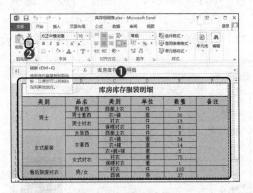

图12-50　复制表格

（17）返回"年终总结.pptx"演示文稿窗口，在【开始】/【剪贴板】组中单击"粘贴"按钮下方的下拉按钮，在弹出的下拉列表中选择"选择性粘贴"选项，插入表格链接并调整其大小和位置，如图12-51所示。

（18）在第11张幻灯片中创建幻灯片标题，并在其中输入相关的文本内容，如图12-52所示。通过复制修改第11张幻灯片制作第12张~第17张幻灯片。

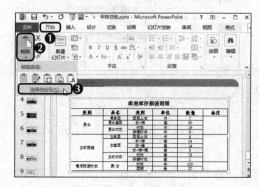

图12-51 粘贴表格链接   图12-52 输入文本

（19）创建最后1张幻灯片，在其中插入艺术字样式"渐变填充-水绿色，着色1，反射"并输入"年终总结 到此结束"和"谢谢"文本，并设置文本格式，如图12-53所示。

（20）选择第1张幻灯片，在【切换】/【切换到此幻灯片】组中的列表框中选择"形状"切换方案，在"持续时间"数值框中输入"02.00"，切换方式设置为"单击鼠标时"，完成后单击"全部应用"按钮，为所有幻灯片设置切换动画，如图12-54所示。

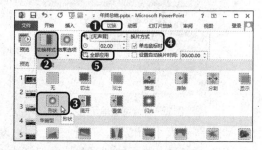

图12-53 设置结尾页   图12-54 设置幻灯片切换方案

（21）选择第1张幻灯片中的标题占位符，在【动画】/【动画】组中的"动画样式"列表框中选择"进入"栏中的"浮入"选项。在开始下拉列表框中设置播放顺序为"上一动画之后"，如图12-55所示。

（22）用相同的方法为其他幻灯片中的对象设置相应的动画效果，如图12-56所示。

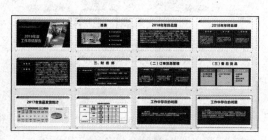

图12-55 设置动画效果   图12-56 查看效果

12.5　项目实训

12.5.1　制作"调查分析报告"文档

1. 实训目标

本实训的目标是制作"调查分析报告"文档，需要设置文本样式，然后添加封面与目录，插入图片与形状、表格与图表等元素。本实训完成后的参考效果如图12-57所示。

素材所在位置　素材文件\第12章\项目实训\调查分析报告.docx、背景图片
效果所在位置　效果文件\第12章\项目实训\调查分析报告.docx

微课视频

制作"调查分析报告"
文档

图12-57　"调查分析报告"文档效果

2. 专业背景

调查分析报告是一种比较常用的文体，包括市场分析报告、行业分析报告、经济形势分析报告、社会问题分析报告等。分析报告的标题一般有两种形式：一种是公文式，另一种是新闻报道式。它又分单标题和双标题两种。主体是分析报告的主要部分，一般写调查分析的主要情况、做法、经验或问题，如果内容多、篇幅长，最好把它分成若干部分。

3. 操作思路

完成本实训需要在文档中编辑文本样式，插入和编辑图片、形状、表格、图表及SmartArt图形，并插入页眉和页脚，其操作思路如图12-58所示。

①编辑文本样式　　　　　②制作封面和目录　　　　　③插入与编辑图表、表格等元素

图12-58　"调查分析报告"文档的制作思路

【步骤提示】

（1）打开素材文件"调查分析报告.docx"，为标题文本应用样式"标题1""标题2""标题3"和"标题4"，修改"标题3"样式的字符格式为"华文宋体，小三"。

（2）插入封面"边线型"，在第1页"（一）项目概况"文本前插入"分页符"；在第2页空白页第1行的位置插入目录"自动目录1"。

（3）在第1页插入图片"封面背景"，在第2页插入图片"背景1"，设置图片排列为"衬于文字下方"，并调整位置，设置第2页中的图片样式为"柔化边缘矩形"；在第1页中插入形状"太阳形"，设置形状样式为"细微效果-橙色，强调颜色6"。

（4）在"3%去省外景点。"文本后插入一个"6x5表格"，设置表格样式为"网格表5-深色，着色5"，输入文本并设置对齐方式为"水平居中"，制作表头。

（5）在"（三）两点对策"文本前插入"圆环图"图表，编辑数据并应用样式"样式10"。

（6）插入"网格"页眉和"怀旧"页脚；在文本"2、华东线路经的城市和景点"后插入"基本列表"SmartArt图形，设置自动换行为"四周型环绕"，输入文本并设置形状颜色为"彩色-着色"，设置样式为"中等效果"，并更改布局为"不定向循环"。

12.5.2　制作"销售统计表"工作簿

1. 实训目标

本实训的目标是制作"销售统计表"工作簿，该目标要求掌握表格中文本的添加与编辑方法，以及函数、图表、数据透视图和数据透视表的使用。本实训完成后的参考效果如图12-59所示。

素材所在位置　素材文件\第12章\项目实训\销售统计表.pptx
效果所在位置　效果文件\第12章\项目实训\销售统计表.pptx

微课视频

制作"销售统计表"
工作簿

图12-59　"销售统计表"工作簿效果

2. 专业背景

统计表是反映统计资料的表格。销售统计表是对统计的销售指标加以整理分析，使统计资料条理化、简明化、清晰化，便于检查数字的完整性和准确性，以及进行对比分析，使公司做出准确的判断。统计表从形式上看，由标题、横行、纵栏、数字等部分所组成。

3. 操作思路

完成本实训需要先插入并编辑文本和表格格式，使用函数求和，接着设置色阶、数据条和迷你图，并创建数据透视表和数据透视图，以及图表，其操作思路如图12-60所示。

　①编辑表格　　　　②插入数据透视表和数据透视图　　　　③插入与编辑图表

图12-60　"销售统计表"工作簿的制作思路

【步骤提示】

（1）打开素材文件"销售统计表.xlsx"，合并居中A1:G1单元格区域，设置其中的文本字号为"18"、加粗；添加边框并设置A2:G2单元格样式为"着色6"。

（2）使用求和函数计算合计，并为其添加色阶"红-黄-绿色阶"；为C3:F12单元格区域设置数据条"橙色数据条"，在G列前插入一列并添加"折线"迷你图。

（3）选择A2:F12单元格区域，插入数据透视表，将"销售区域"拖动到"行标签"文本框中，将"产品名称"拖动到"筛选器"文本框中，将"第1季度""第2季度""第3季度""第4季度"拖动到"值"文本框中；插入数据透视图"簇状柱形图"，设置透明表样式为"数据透视表样式中等深浅14"，设置透明图形状样式为"样式14"，形状填充为"橙色，着色6，深色25%"。

（4）插入图表"三维饼图"，撤销选中"销售额合计"，设置图表样式为"样式 3"，设置形状样式填充为"橙色，着色6"。

235

12.5.3　制作"系统计划书"演示文稿

1. 实训目标

　　本实训的目标是制作"系统计划书"演示文稿，该目标要求掌握在幻灯片中插入图片、图表等元素，设置动画效果与超链接等。本实训完成后的参考效果如图12-61所示。

　素材所在位置　素材文件\第12章\项目实训\系统计划书.pptx、图片素材
　效果所在位置　效果文件\第12章\项目实训\系统计划书.pptx

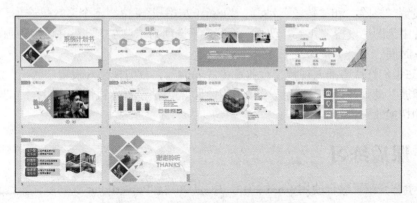

图12-61　"系统计划书"演示文稿效果

2. 专业背景

计划书是一个单位或团体在一定时期内的工作计划。其内容要求简明扼要、具体明确，用词造句必须准确，不能含糊，一般包括工作的目的和要求、工作的项目和指标、实施的步骤和措施等。计划书的具体内容为：根据需要与可能，规定出一定时期内所应完成的任务和应达到的工作指标；在明确了工作任务以后，还需要根据主客观条件，确定工作的方法和步骤，采取必要的措施，以保证工作任务的完成。

3. 操作思路

完成本实训需要在幻灯片中插入并编辑图片、形状、图表和SmartArt图形，以及添加超链接、动作按钮和动画效果，最后插入与编辑动画，其操作思路如图12-62所示。

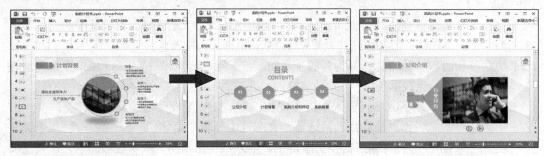

①添加与编辑图片、形状 　　②添加超链接 　　③插入与编辑视频

图12-62　　"系统计划书"演示文稿的制作思路

【步骤提示】

（1）打开素材文件"系统计划书.pptx"，在第7张幻灯片中插入"图片1"，设置样式为"棱台形椭圆，黑色"，并添加浅蓝色的边框；在第9张幻灯片中插入形状"波形"，填充"图片2"，使用此方法制作其余3个形状，插入"图片3~图片5"并进行排列。

（2）在第6张幻灯片中插入"簇状柱形图"选项，输入数据并设置样式为"样式14"；插入SmartArt图形"垂直块列表"，输入文本并设置样式为"中等效果"。

（3）为第2张幻灯片中的项目符号设置超链接依次分别链接到"幻灯片3""幻灯片7""幻灯片8"和"幻灯片9"；插入按钮"动作按钮：第一张"，设置链接到"幻灯片2"，设置样式为"彩色轮廓－水绿色，强调颜色5"。

（4）为第6张幻灯片中的图表添加"浮入"动画，为第9张幻灯片中的SmartArt图形和组合形状设置"擦除"和"轮子"动画，为SmartArt图形设置"逐个"效果选项；在第7张幻灯片中为图片设置"飞入"动画，设置效果选项为"自左侧"，并调整动画顺序和"开始"时间。

（5）在第5张幻灯片中插入视频"行业宣传片.mp4"，裁剪视频并设置"淡出"动画，添加"播放"动画并为其设置触发器，使用相同的方法设置"暂停"按钮；为幻灯片设置不同的切换效果。

12.6　课后练习

本章主要介绍了综合使用Word 2013、Excel 2013和PowerPoint 2013制作年终报告会议相关文件，需要读者掌握前面章节讲到的所有知识，并将知识综合应用到办公文件制作当中，做到学以致用。

练习1：制作"改革计划书"文档

本练习要求根据"改革计划书.docx"素材文件，设置文本样式，添加并编辑图片、表格、图表和SmartArt图形等元素，参考效果如图12-63所示。

 素材所在位置 素材文件\第12章\课后练习\改革计划书.docx、图片2.jpg
效果所在位置 效果文件\第12章\课后练习\改革计划书.docx

要求操作如下。

● 打开"改革计划书.docx"文档，分别为标题设置相应的样式，设置正文首行缩进。
● 为文档插入"镶边"封面，并删除"地址"模块。
● 在第2页中插入"图片2"图片，并设置快速样式。
● 在最后1页选择表格，设置表格样式，设置第1行单元格合并后居中，并设置字号为"三号"，在"产品3"后插入1行单元格，在"产品3"单元格下的单元格中输入"合计"，使用求和公式求出季度销售合计；在第3页插入和编辑SmartArt图形并设置样式，制作组织结构图；在第5页插入并编辑图表，应用快速样式和快速布局，制作销售额统计图。
● 为文档插入"空白"页眉，输入文本"公司改革计划书"并插入页脚。

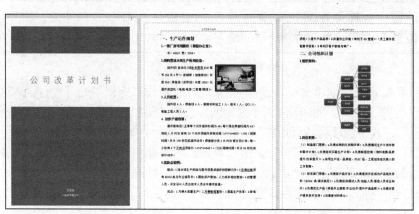

图12-63 "改革计划书"文档效果

练习2：制作"产品销售表"工作簿

本练习要求在"产品销售表.xlsx"工作簿中使用公式计算数据，插入并编辑数据透视表和数据透视图，参考效果如图12-64所示。

 效果所在位置 效果文件\第12章\课后练习\产品销售表.xlsx

要求操作如下。

● 打开"改革计划书.docx"文档，选择产品销售表表格并复制，新建"产品销售表.xlsx"工作簿进行粘贴。
● 选择B6:E6单元格区域，删除文本内容，使用自动求和计算季

制作"改革计划书"文档

制作"产品销售表"工作簿

度销量合计。

- 在A2单元格中输入"产品"文本，设置文本居中，选择A8单元格，插入数据透视表，选择A2:E5单元格区域，将产品放入行中、季度放入值中。
- 插入数据透视图"折线图"，设置图表样式、形状填充以及形状效果。

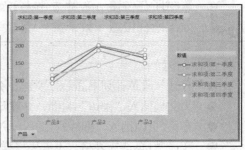

图12-64 "项目管理"演示文稿效果

练习3：制作"项目汇报"演示文稿

本练习要求在"项目汇报.pptx"演示文稿中设置主题与背景，并应用母版主题新建幻灯片，参考效果如图12-65所示。

素材所在位置 素材文件\第12章\课后练习\项目汇报.pptx、音频.mp3、图片
效果所在位置 效果文件\第12章\课后练习\项目汇报.pptx

要求操作如下。

- 打开"项目汇报.pptx"演示文稿，选择第5张幻灯片新建"空白"幻灯片，插入图片"图片3""图片4"，调整图片大小并为图片设置"随机线条"动画，添加移出动画"飞出"，效果选项为"到顶部"，设置持续时间为"07.00"。
- 在第8张幻灯片插入"簇状条形图"，输入数据，更改颜色并设置样式，添加"擦除"动画，调整动画顺序至最上层，设置开始为"上一动画之后"。
- 在最后1张幻灯片插入艺术字"图案填充-橄榄色，着色3，窄横线，内部阴影"，输入文本"Thanks"并设置其字符格式，为其添加并编辑动画。
- 选择第1张幻灯片插入"音频.mp3"，编辑音频，添加动画效果并链接触发器。

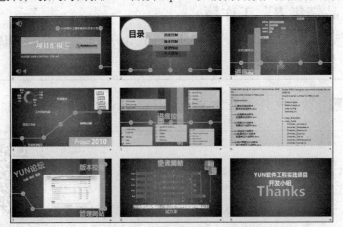

微课视频

制作"项目汇报"
演示文稿

图12-65 "项目汇报"演示文稿效果